复杂城市环境下综合交通枢纽成套技术研究丛书

复杂城市环境下综合交通枢纽环境振动和噪声控制研究与应用

朱 颖 李正川 ◎ 总主编
曾得峰 易 兵 李小珍 李青国 李 航 李爱群 ◎ 著
徐道东 ◎ 主审

西南交通大学出版社
·成 都·

图书在版编目（CIP）数据

复杂城市环境下综合交通枢纽环境振动和噪声控制研究与应用 / 朱颖，李正川总主编；曾得峰等著. —成都：西南交通大学出版社，2021.9
（复杂城市环境下综合交通枢纽成套技术研究丛书）
ISBN 978-7-5643-8137-0

Ⅰ. ①复… Ⅱ. ①朱… ②李… ③曾… Ⅲ. ①城市交通－交通运输中心－振动控制－研究②城市交通－交通运输中心－噪声控制－研究 Ⅳ. ①U12

中国版本图书馆 CIP 数据核字（2021）第 142262 号

复杂城市环境下综合交通枢纽成套技术研究丛书
Fuza Chengshi Huanjing Xia Zonghe Jiaotong Shuniu
Huanjing Zhendong he Zaosheng Kongzhi Yanjiu yu Yingyong

复杂城市环境下综合交通枢纽
环境振动和噪声控制研究与应用

朱 颖　李正川　◎总主编	策划编辑 / 黄庆斌　周　杨
曾得峰　易　兵　李小珍　◎著	责任编辑 / 何明飞
李青国　李　航　李爱群	封面设计 / 吴　兵

西南交通大学出版社出版发行
（四川省成都市金牛区二环路北一段111号西南交通大学创新大厦21楼　610031）
发行部电话：028-87600564　　028-87600533
网　址：http://www.xnjdcbs.com
印　刷：成都市金雅迪彩色印刷有限公司

成品尺寸　170 mm × 230 mm
印张　10.75　　字数　139 千
版次　2021 年 9 月第 1 版　　印次　2021 年 9 月第 1 次

书号　ISBN 978-7-5643-8137-0
定价　88.00 元

图书如有印装质量问题　本社负责退换
版权所有　盗版必究　举报电话：028-87600562

复杂城市环境下综合交通枢纽成套技术研究丛书

编委会

主　任　　朱　颖

副主任　　李正川　　李方宇

编　委　　（按姓氏笔画排序）

王明年	毛晓汶	邓建国	石志龙
卢俊宇	吕雄杰	刘贵应	刘晓华
刘　懿	李小珍	李青国	李　航
李爱群	何　川	张万斌	张冬奇
张奇瑞	陈俊敏	林程保	易　兵
郑志明	郑金磊	郑波涛	赵　勇
姜清辉	姚建波	夏臣芝	徐道东
陶思宇	曹林卫	彭小兵	程　娜
曾中林	曾得峰	赖良驹	廖龙涛

前言
PREFACE

近年来,随着我国经济文化的快速提高,高速铁路取得了跨越式发展。我国建设了多批高标准、高规格的大型综合交通枢纽,如上海虹桥站、南京南站、北京南站、天津西站等。这不仅推动了我国空间大跨度结构的进一步发展,同时也推动了与之相关的科学技术问题的更广泛和更深入的研究。

城市综合体建筑是迄今为止铁路客站建筑空间形式发展的最高阶段,在日本、德国、法国等国家的开发项目中比较常见。与交通枢纽型铁路客站相比,城市综合体铁路客站的建筑空间具有复合和复杂的特点,是多功能交叉并存的立体空间系统。除处理各种交通方式之间旅客的换乘问题外,还综合了商业、服务业、办公、居住等功能,是我国铁路客站未来的发展方向。

为实现高铁、普铁、地铁、轻轨以及公交车辆等交通工具的"零距离或短距离换乘",大型铁路枢纽车站站房多采用大跨度"站桥合一""多层立体式"结构体系。例如,北京南站综合交通枢纽,站房主体结构分共分为五层:地上二层(高架层)为候车大厅;地面层为行人站台和列车轨道层;地下一层为换乘大厅和大型停车场,地下二层为地铁4号线站台层、地下三层为地铁14号线站台层。

传统的火车枢纽站往往是独立于其他交通工具之外的,现代的大型综合交通枢纽结合了多种交通工具，其站房结构具有如下特点：① 列车轨道位于高架层，列车行驶作用力激励直接作用于站房结构上；② 大部分采用了建筑结构与轨道桥梁相结合的新型结构体系，所以其设计方法和破坏机理既不同于一般的建筑结构，也不同于桥梁结构；③ 诱发的环境振动与噪声问题更加明显、更为复杂。

重庆沙坪坝综合交通枢纽为国内外首个集高速铁路、城市轨道交通、城市道路及大型上盖物业开发为一体的超级综合体，且各种激励的主要作用频段不尽相同，因此，需要对综合交通枢纽中，多种振源引起的混合振动进行控制，确定主要的振动激励来源，逐一进行减振来达到对综合交通枢纽整体的振动控制。

本书对振动综合交通枢纽的环境振动评价方法、激励源的定位、大型交通枢纽的数值仿真方法、多振源激励作用下结构振动的预测与评价、轨道结构减振参数的确定与站房结构隔振技术的开发与应用做了深入的研究。并且通过现场实测与数值模拟等方法，验证了研究成果的可行性、有效性与高效性。

在本书撰写过程中，重庆城市综合交通枢纽开发投资有限公司、中铁二院重庆勘察设计研究院有限责任公司、西南交通大学、东南大学等单位自始至终给予了极大的支持和指导，在此深表感谢。由于作者水平有限，书中难免存在疏漏与不妥之处，恳请广大读者提出宝贵意见。

著　者

2021 年 6 月

目录
CONTENTS

第 1 章 绪 论

1.1 国外研究现状 ……………………………………001
1.2 国内研究现状 ……………………………………001
1.3 研究现状分析 ……………………………………003

第 2 章 高速铁路环境振动限值探讨

2.1 振动的参量和评价量 ……………………………009
2.2 各国振动标准对比 ………………………………010
2.3 环境振动限值选取 ………………………………015

第 3 章 场地土体振动与站房振动传递特性现场试验

3.1 沙坪坝综合交通枢纽场地土体振动试验 …018
3.2 沙坪坝综合交通枢纽站房振动试验 ………033
3.3 本章小结 …………………………………………043

第 4 章 站房与站台的振动预测模型

4.1 轨道-土体有限元模型 …………………………045

4.2　站房结构有限元模型··················050
4.3　模型验证························054
4.4　本章小结························057

第5章　机动车辆作用下的站房振动响应

5.1　机动车辆作用下的站房振动响应测试······058
5.2　测试方案························059
5.3　测试结果························060
5.4　本章小结························062

第6章　高铁作用下站房与站台的振动响应预测与评价

6.1　加载工况························063
6.2　站台振动响应结果分析及评价···········066
6.3　站房振动响应结果分析及评价···········075
6.4　站台振动与站房结构振动对比分析········083
6.5　本章小结························084

第7章　站房结构减隔振技术

7.1　站房结构振动响应机理研究进展··········086
7.2　新型三维多功能隔振支座（3D-MIB）·····092
7.3　碟形弹簧复合隔振支座···············107
7.4　超大型黏弹性阻尼墙力学性能试验研究····127
7.5　工程实例振动与噪声控制研究··········141
7.6　本章小结························150

第 8 章　高铁作用下站房结构声辐射特性及降噪措施

8.1　站房结构声辐射模型 ………………………… 152
8.2　站房结构空腔共鸣效应 ……………………… 154
8.3　本章小结 ………………………………………… 155

参考文献

第 1 章

绪 论

1.1 国外研究现状

高速铁路凭借其速度快、功耗低、运量大、污染小、安全性高等优点,迅速成为各国现代交通运输的主要工具。但高速铁路给大家带来便利的同时,也给沿线居民带来了一系列环境污染问题,环境振动问题就是其中之一(世界七大环境公害[1,2]就包括振动公害),很多病变均是振动能量通过支承面传递到物或坐位/立位操作的人上而产生的。随着高速列车运营速度的不断提高,其带来的环境振动问题也日益严重,引起了世界各国的高度重视,环境振动产生原理的研究也已展开[3],日本、德国、法国、美国等国家已经制定了相应的环境振动标准。针对高速铁路引起的环境振动研究主要集中在振源、传播途径、振动评价标准和振动控制与预测等方面,并取得了一些成果。

1.2 国内研究现状

中国通过先引进国外技术,再经过二次创新,全面掌握了 200~250 km/h 的动车组的制造技术,并开发了 350 km/h 的动车组制造技术平台,自主研制生产了 CRH_{380} 型新一代高速列车。2008 年,京津城际铁路的成功开通,标志着中国第一条运行速度达到 350 km/h

的高速铁路诞生，至此高速铁路在中国步入了快速发展的通道。根据 2008 年调整的《中长期铁路网规划》，中国全面加速推进以"四纵四横"快速客运网为主骨架的高速铁路建设，建成了一大批设计速度达 350 km/h、具备世界一流水平的高速铁路，如哈大高速铁路、京广高速铁路、京沪高速铁路、京津高速铁路、沪宁高速铁路等，形成了相对完善的高铁技术体系。根据 2016 年最新调整版《中长期铁路网规划》，中国将构筑"八纵八横"高速铁路网，实现 2020 年建成高速铁路 3 万千米，2025 年建成高速铁路 3.8 万千米，2030 年基本实现内外互联互通。图 1-2-1 所示为 2008—2020 年我国高铁实际运营里程。

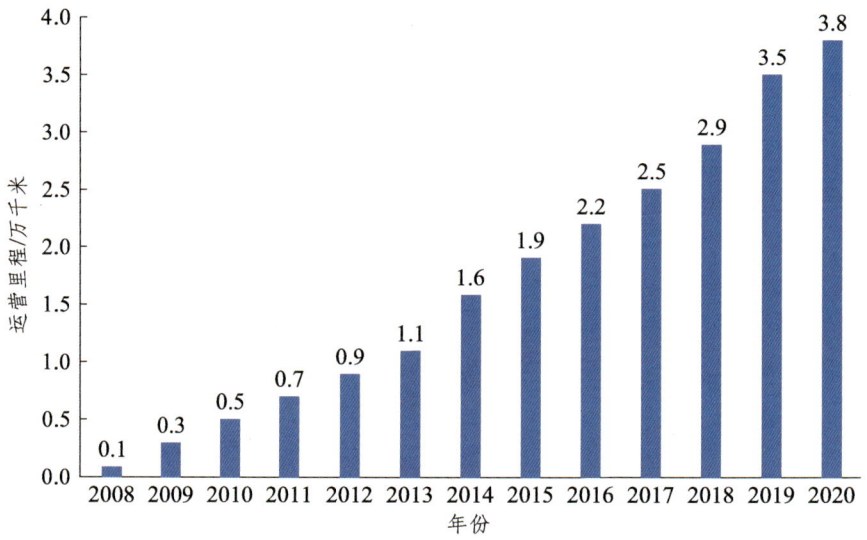

图 1-2-1　2008—2020 年我国高铁运营里程

随着车速的增加，高速铁路引起的振动与噪声问题也逐渐受到人们的关注。就振动而言，高速列车通过时会产生间歇性的冲击[4]，并通过土体向四周传播，当振动传到附近建筑物时，会激励建筑物振动，进而引起室内结构物的振动。这些振动会对人们的正常生活产生影响[5]，严重时还会对建筑物安全产生影响。振动产生的影响一般可分为三类，分别是对建筑物、精密仪器、人的影响。高速铁路振动对建筑物的影响主要考虑结构物的安全性，虽然高铁产生的振动是小幅度的，但其循环冲击反复作用到建筑物上，也会让建筑物产生损伤；对精密仪器的影响主要从仪器使用寿命和精度方面考虑，高速铁路产生的振动往往会使精密仪器的寿命缩短，甚至损坏仪器；对人的影响主要从人的健康和工作效率方面考虑，环境振动让人产生烦恼的情绪，影响人们的睡眠质量，进而人们日常的工作效率也会大大降低[6-10]。

高速铁路环境振动已引起相关部门的高度重视，有关研究者实测了大量高速铁路环境振动数据，同时调查了附近居民对环境振动的感受：65 dB 以上的振动会对人们的睡眠质量产生影响，80 dB 的振动会让人产生高度烦恼，60 dB 的振动恰好是一般人群能感受的振动界限[11, 12]。

为了更好地控制环境振动，原国家环境保护局发布了《城市区域环境振动标准》（GB 10070—88）和《城市区域环境振动测量方法》（GB 10071—88），对铁路干线两侧振动标准限值等予以规定。

1.3 研究现状分析

1.3.1 列车振动源强及其传播规律

在研究高速列车引起的环境振动问题时，振源是首先要考虑的问题，即确定激励荷载是如何通过列车作用于结构上的。目前，模型分析法[13]、经验分析法和实测分析法[14]是确定列车激励荷载的主要方法。大多数学者在模拟列车激励荷载时选择模型分析法，这是由于经验分析法准确性不高，而实测分析法往往需要花费大量资源。模型分析法是通过建立列车分析模型来得到列车激励荷载，在计算时，需要在该模型中输入轨道不平顺，然后根据列车分析模型的状态方程，计算得到时程内轮轨接触力的大小。

王福天[15]在《车辆系统动力学》中提到，在研究列车-桥梁耦合振动问题时，竖向振动问题需要考虑的自由度为轮对、车体和转向架的浮沉与点头，横向振动问题需要考虑的自由度为各部件的横摆摇头和侧滚。这是因为列车垂向振动和横向振动之间的耦合很弱，所以在分析时可以分别考虑两个方向的振动问题，忽略两者间的相互影响。夏禾在《车辆与结构动力相互作用》[1]中指出，列车的竖向振动是站房结构振动的主要来源，因为站房属于三维结构，列车的横向振动仅会对细长结构和车内人员的舒适度产生明显影响，而对于三维空间结构而言，横向振动对舒适度影响不大。

  轨道不平顺是引起列车产生振动的主要原因，也是轮轨作用力的主要激励源，英国于 1964 年最先开始了轨道不平顺统计分析研究。我国一般采用国外相近的轨道不平顺功率谱，这是由于我国的轨道功率谱还不够完善，没有专门针对轨道交通车辆振动的功率谱。三角级数叠加法[16]、二次滤波法、白噪声法[17]、AR（ARMA）模型法[18]以及 Poisson 法[19, 20]等方法均可模拟轨道不平顺时域样本，这些方法给定了轨道不平顺功率谱密度函数。从模拟效果而言，三角级数叠加法数学基础严密，跟实测谱最接近，该方法具有极大的简便性，能充分利用计算机的计算特性；从计算量和计算速度而言，白噪声法具有明显优势，该方法利用满足条件的白噪声作为路面高程随机波动的替代，再通过适当变换拟合出轨道不平顺的时域样本，但该方法烦琐、精度差的缺点也十分明显。除了以上方法外，各国学者还提出了其他模拟轨道不平顺的方法，如陈果[21]提出一种新方法简化了轨道不平顺的模拟，该方法分别求出频谱幅值和相位并通过傅立叶逆变换得到时域模拟样本。

  日本修建了世界上第一条高速铁路新干线，这也是带来振动污染最严重的线路之一，日本学者 Fujikake[22]对新干线的环境振动及其传播规律进行了研究，提出了一种环境振动预测的方法。美国学者 Kurzweil[23]对不同土层中的振动波衰减特性进行了研究，英国学者 Krylov[24]等研究了轨道交通低频部分在地面传播时的衰减规律，西班牙学者 Volberg[25]等在分析了不同场地振动衰减特性后，推导出了振动波传播和衰减的一般规律。中国学者圣小珍[26]从理论上分析了稳定荷载产生的振动在层状黏弹性半空间中的传播规律，并通过建立车辆、轨道、层状地基耦合模型，对由轨道不平顺引起的垂向振动进行了预测，并研究了车辆在不同轨道上以不同速度行驶时的振动情况，最终得出振动在高频部分重型有砟轨道比轻型有砟轨道衰减速度慢，在 10 m 处无砟轨道比其他轨道产生的振动要小 20 dB[27]。台湾大学的杨永斌[28]运用 2.5 维有限元方法研究了不同速度下振动在成层土中的传播规律。Galvin[29]等建立了土体-道砟-轨道结构三维耦合模型，利用数值分析方法，在时域内分析了高速列车引起的环境振动与轨道结构形式的关系。比利时学者 lombaert 和 Degrande[30]利用建模方法研究了高速列车静态和动态轴引起的环境振动。同济大学韦红亮、练松良[31]等发现振动与减振器间距成正比，与浮置板单位长度刚度成反比。北京交通大学夏禾、曹艳梅[32, 33]等根据车辆动力学、轨道动力学建立了列车-轨道-地基土模型，考虑了轴重荷载组成的准静态激励力，并开展了相关现场试验。武汉理工大学何卫、谢伟平[34]等实测了地铁列车的动荷载特性，得出地铁列车荷载以高频成分为主，咽喉区荷载主要集中在 60~150 Hz 频段。西南交通大学李小珍、张迅[35-37]等建立了列车-线路-桥梁耦合振动模型，并进行了大量场地环境振动现场试验，分析了桥上列车激励下地面振动响应情况，得到了地面振动优势频率范围为 25~80 Hz。上海交通大学李增光、吴天行[38]建立了铁道车辆-轨道高架桥耦合模型，并在频域内求得了车辆轮轨力。

本书将通过建立车辆-轨道模型计算得到频域内不同车速下的轮轨力，然后加载到轨道-土体耦合模型上进行下一步研究。

1.3.2 环境振动预测及其控制

目前，国内外学者针对轨道交通引起的环境振动预测做了大量工作。从预测模型上可以将振动预测方法分为三类：经验预测模型、解析模型和数值分析模型。从预测方法的精度上可以将振动预测方法分为三类[39]：初步预测、确认预测和精准预测。

经验预测模型：是早期对列车的激励机制缺乏了解，同时又缺少准确的土体参数，准确模拟列车系统有一定难度，而根据试验或实测的数据建立的一系列经验公式来对振动进行预测。美国、英国和日本等国都建立了一套自己的经验公式来预测环境振动[40,41]，这些经验公式考虑了振源、传播路径和接收物的影响，对于实际的工程应用有一定的参考价值。在国内，夏禾、刘维宁、高广运、谢卫平、李小珍、张迅等学者对轨道交通运行引起的环境振动进行了大量的实验，实测了许多宝贵的数据，并从中提出了有价值的振动传播规律。如北京交通大学的杨光辉[42]根据实测数据回归得到了振动随距离的衰减关系，浙江大学周云[43]根据已有实测数据提出了一种经验预测模型。

解析模型：采用理论模型来描述振源-传播路径-建筑物系统，计算得到环境振动响应。这样的模型有严谨的理论基础，可以对经验预测模型进行验证。但是由于列车运行带来的环境振动是一个非常复杂的过程，而现有的理论必须进行大量简化才能建立模型，因此解析模型也不能带来完全精确的解析结果。1904年，Lamb[44]的一篇论文最早开始研究简谐荷载或脉冲荷载下的土体振动问题，并给出了解析解的积分表达式。后来，在 Lamb 的基础上多人详细地探讨了弹性半空间波传播问题，其中最有代表性的两位作者是 Gutowski 和 Dawn[45,46]。英国的 Krylov[47]教授建立了弹性半空间地基土的轨道交通振动解析模型；比利时学者 Degrande[48]对波在多孔饱和弹性地基土中的传播进行了研究，并提出了谱分析方法；英国学者 Jones 和 Sheng[49]研究了不同速度下铁路列车荷载引起的地基土表面竖向位移。

数值模型：目前，国内外在预测轨道交通引起的环境振动比较常用的数值模型包括有限元、边界元和混合元模型。这些模型往往根据实际情况进行了一定程度的简化，然后通过实测数据对模型的精确程度进行验证。有限元模型代表学者 Lysmer、Kuhlemeyer[50]在 1969 年提出了设置黏性阻尼装置吸收能量的黏性边界，Balendra[51]采用具有黏性边界的二维模型模拟了地铁的稳态振动；边界元模型代表学者 Klein 和 Kattis[52, 53]采用了三维直接边界元模型研究减隔振方法和隔振沟与排桩的隔振性能，Banerj[54]运用三维边界元模型研究了波屏障的有效性，并用大量实验数据进行了验证，Lombaert[55]采用松弛边界条件计算了分成土体的刚度矩阵；混合元模型代表学者 Pyl 对地基土和建筑物基础之间的动力相互作用进行了研究，Takemiya 建立了数值分析模型来研究轨道交通引起的地面振动，并通过大量的实验数据进行了验证。

目前，轨道交通的减振措施主要考虑三方面：降低振源强度、切断传播路径和削弱振动传播能量。具体的措施包括减轻列车轴重、优化轮轴排列、合理设计列车悬挂刚度和阻尼、定期保养铁路和车辆等。这些措施能在一定程度上降低列车给周围环境带来的振动。当然，采用减振扣件，设置隔振沟、隔振墙、隔振装置等也能缓解列车带来的环境振动问题。

本书将建立轨道-土体、站房结构有限元模型，并在频域内求解列车在不同速度下带来的环境振动大小。

1.3.3 环境振动的评价

目前针对振动的度量广泛采用位移（A/m）、速度[v/(mm/s)]、加速度[a(mm/s^2)]、频率（f/Hz）和持续时间（t/s）等物理量。而美、英、瑞士等国家较多的采用峰值速度[Particle Peak Velocity，

PPV/(mm/s)]来评价振动的影响程度。实验表明,在一定的振动频率下,建筑物的破坏程度与结构的峰值速度有密切的关系,相对而言,峰值加速度、峰值位移的影响较小。

除此之外,国际上还广泛采用振动级来表述振动的强度,单位分贝(dB)。分贝是指定物理量 A 与基准物理量 A_0 比值的对数值乘以 10,即 $1\ dB = 10 \times \lg A/A_0$。我国国家标准《城市区域环境振动标准》(GB 10070—88)即以 Z 振级作为环境振动的评价量,并规定了城市各类区域环境振动限值,对环境振动要求较高的区域,铅垂向 Z 振级标准限值为 65 dB。

本书将对高速列车运行带来的环境振动限值进行探讨,并选取合适的振动限值对站房振动进行评价。

第 2 章

高速铁路环境振动限值探讨

2.1 振动的参量和评价量

2.1.1 振动的参量

振动参量有频率、强度和暴露时间三个。

1. 频　率

振动强度相同的振动，人对不同频率的振动感觉是有差异的。人能感受的振动频率范围为 1～1 000 Hz，由于人身体的各个组织的振动频率主要集中在 1～80 Hz，所以就环境振动而言，人们主要关心 1～80 Hz 频率段的振动。

2. 振动强度

位移、速度和加速度都可以描述振动强度，目前国际上普遍采用加速度来表达人体对振动的感受。加速度能很好反映振动能量大小，加速度越大，表示冲击力越大，对人体的伤害也越大。因此，在环境振动的分析中普遍采用振动加速度反映振动强度。

3. 暴露时间

人处在振动环境的时间越长，其受到的伤害越大。在实际中，不同时间特性的振动引起的振动感觉是不同的。振动按时间特性可分为稳态振动、间歇振动和冲击振动三类。高速铁路引起的环境振动属于间歇振动。

2.1.2 振动评价量

针对振动的评价量有振动加速度级 VAL、振动级 VL、Z 振级 VL_z、均方根速度振级 L_v、均方根振动加速度级 L_a 和感知度 KB 等。而针对高速铁路引起的环境振动，我国采用的是 Z 振级 VL_z，即采用 Z 计权的振动加速度级。本书采用 Z 振级作为评价量。

振动级是加速度与基准加速度之比以 10 为底的对数乘以 20，记为 VL（dB），表达式如下：

$$VL = 20\lg\frac{a_{r.m.s}}{a_0} \qquad (2-1-1)$$

式中　a_0——基准加速度值，一般取 1×10^{-6} m/s²；

　　　$a_{r.m.s}$——频率计权振动加速度的均方根值（m/s²），$a_{r.m.s}=\left[\frac{1}{T}\int_0^T a_w^2(t)\mathrm{d}t\right]^{1/2}$；

　　　T——振动测量的平均时间（s）；

　　　$a_w(t)$——经过频率计权的振动加速度（随时间变化），其计算方法为先对原始加速度信号进行 1/3 倍频程谱分析，得到对应第 i 各中心频率的振动加速度 a_i，然后将其乘以第 i 个中心频率对应的计权因子 w_i，再将计权后的加速度序列进行 1/3 倍频程谱分析的逆变换。

Z 振级 VL_z 是在振动加速度级的基础上，进行铅垂向振动计权因子修正后的振动加速度级。

2.2　各国振动标准对比

国际上不同国家针对各国的环境振动制定了符合本国国情的

标准，这些标准的评价量不尽相同，本节仅对以振动级作为评价量的标准规范进行介绍、对比。

2.2.1 我国标准

我国针对振动的标准规范较多，不同城市还有自己的地方规范，本研究主要介绍针对铁路和轨道交通环境振动相关的规范。

为了限制振动对人们睡眠和工作的干扰，原国家环境保护局于 1988 年 12 月 10 日发布了国家标准《城市区域环境振动标准》[56]（GB 10070—88）。标准中规定了城市各类区域铅垂向 Z 振级 VL_z 标准值，见表 2-2-1。

表 2-2-1 《城市区域环境振动标准》（VL_z/dB）

适用地带范围	昼间	夜间	适用地带范围的划定
特殊住宅区	65	65	指特别需要安宁的住宅区
居民、文教区	70	67	指纯居民和文教、机关区
混合区、商业中心区	75	72	混合区指一般商业与居民混合区，或工业、商业、少量交通与居民混合区；商业中心区指商业集中的繁华地区
工业集中区	75	72	指在一个城市或区域内规划明确确定的工业区
交通干线道路两侧	75	72	指车流量每小时 100 辆以上的道路两侧
铁路干线两侧	80	80	指距每日车流量不少于 20 列的铁道外轨 30 m 外两侧的住宅区

注：本标准适用于连续发生的稳态振动、冲击振动和无规振动。稳态振动指的是观测时间内振级变化不大的环境振动；冲击振动指的是具有突发性振级变化的环境振动；无规振动指的是未来任何时刻不能预先确定振级的环境振动。监测方法：测量点在建筑物室外 0.5 m 以内振动敏感处，必要时测量点置于建筑物室内地面中央。

上述 Z 计权限值是基于 ISO 2631 在 1989 年颁布的频率计权曲线处理而得的；而 1997 年，ISO 2631 颁布了新的 Z 计权曲线，如

图 2-2-1 所示。随着国家的发展、人民生活水平的提高，旧的振动标准已不能满足人们对生活质量的要求。基于此，国家已着手制订新的《环境振动标准》，该标准将采用新的 Z 计权曲线。表 2-2-2 给出了新的《环境振动标准》（征求意见稿）。

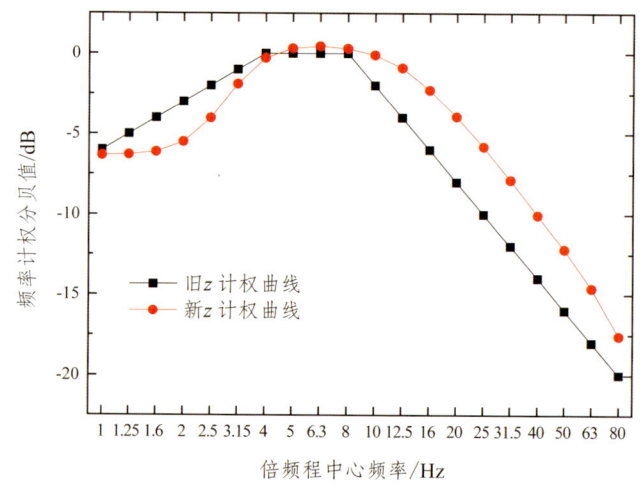

图 2-2-1　新旧 Z 计权曲线对比

表 2-2-2　《环境振动标准》（征求意见稿）（VL_z/dB）

振动环境功能区类别		昼间	夜间	振动环境功能区说明
0 类		65	65	康复疗养区等具有较高环境振动保护要求的区域
1 类		70	65	以居民住宅、医疗卫生、文化教育、科研设计、行政办公为主要功能，具有一定环境振动保护要求的区域
2 类		75	70	以商业金融、集市贸易为主要功能，或者居住、商业、工业混杂，具有一定环境振动保护要求的区域
3 类		75	70	以工业生产、仓储物流为主要功能，需要防止工业振源振动对周围环境产生严重影响的区域
4 类	4a 类	75	70	高速公路、一级公路、二级公路、城市快速路、城市主干路、城市次干路、内河航道、城市轨道交通两侧区域
	4b 类	80	80	铁路干线两侧区域

《住宅建筑室内振动限值及其测量方法标准》[57]（GB/T 50355—2018）于 2018 年发布，该标准对住宅建筑室内卧室、起居室（厅）各 1/3 倍频程铅垂向振动加速度级限值进行了规定，其中卧室分昼间、夜间两个时段进行了两级限值规定，起居室（厅）按全天进行了两级限值规定，见表 2-2-3。其中，一级限值规定为适宜达到的限值，二级限值规定为不得超过的限值；昼间推荐时间为 06∶00—22∶00，夜间推荐时间为 22∶00—06∶00。

表 2-2-3　住宅建筑室内振动限值（VL_z/dB）

房间名称	时段	限值等级	1/3 倍频程中心频率/Hz								
			1	1.25	1.6	2	2.5	3.15	4	5	6.3	8
卧室	昼间	一级	76	76	76	75	74	72	70	70	70	70
	夜间		73	73	73	72	71	69	67	67	67	67
	昼间	二级	81	81	81	80	79	77	75	75	75	75
	夜间		78	78	78	77	76	74	72	72	72	72
起居室（厅）	全天	一级	76	76	76	75	74	72	70	70	70	70
	全天	二级	81	81	81	80	79	77	75	75	75	75

房间名称	时段	限值等级	1/3 倍频程中心频率/Hz								
			10	12.5	16	20	25	31.5	40	50	63	80
卧室	昼间	一级	70	71	72	74	76	78	80	82	85	88
	夜间		67	68	69	71	73	75	77	79	82	85
	昼间	二级	75	76	77	79	81	83	85	87	90	93
	夜间		72	73	74	76	78	80	82	84	87	90
起居室（厅）	全天	一级	70	71	72	74	76	78	80	82	85	88
	全天	二级	75	76	77	79	81	83	85	87	90	93

《城市轨道交通引起建筑物振动与二次辐射噪声限值及其测量方法标准》[58]（JGJ/T 170—2009）于 2009 年颁布，该标准专门针对城市轨道交通给出了不同建筑物室内振动限值。在测试时，测点布置在建筑物一楼的室内，也可布置在建筑物的基础距外墙 0.5 m 范围内。评价量要求为 1/3 倍频程中心频率上的最大振动加速度级（简称分频最大振级，记为 VL_{max}），见表 2-2-4。该标准的 Z 计权因

子与 ISO 颁布的 Z 计权曲线略有差异，其计权因子在 ISO 颁布的新 Z 计权曲线上进行了四舍五入的处理，具体计权因子，见表 2-2-5。

表 2-2-4　城市轨道交通沿线建筑物室内振动限值（VL_{max}/dB）

区域	适用范围	昼间	夜间
0 类	特殊住宅区	65	62
1 类	居民、文教区	65	62
2 类	居住、商业混合区，商业中心区	70	67
3 类	工业集中区	75	72
4 类	交通干线两侧	75	72

表 2-2-5　1/3 倍频程中心频率的 Z 计权因子

1/3 倍频程中心频率/Hz	4	5	6.3	8	10	12.5	16	20	25
计权因子/dB	0	0	0	0	0	−1	−2	−4	−6
1/3 倍频程中心频率/Hz	31.5	40	50	63	80	100	125	160	200
计权因子/dB	−8	−10	−12	−14	−17	−21	−25	−30	−36

2.2.2　ISO 标准

ISO 针对振动限值采用了多种评价量，在此给出 ISO 2631-2-1989[59]以计权振动加速度形式给出的建筑物振动限值，见表 2-2-6。表中 Z 轴计权曲线采用的是 1989 年颁布的旧计权曲线。

表 2-2-6　建筑物内振动限值（VL/dB）

地点	时间	连续、间歇振动和重复性冲击			每天数次的冲击振动		
		$x(y)$轴	z轴	混合轴	$x(y)$轴	z轴	混合轴
手术室、精密实验室等	全天	71	74	71	71	74	71
住宅	白天	77～83	80～86	77～83	107～110	110～113	107～110
	夜间	74	77	74	74～97	77～110	74～97
办公室	全天	83	86	83	113	116	113
车间	全天	89	92	89	113	116	113

2.2.3 日本标准

日本工业标准调查会（JISC）于 1976 年颁布了《环境振动控制法》[60]，对工业振动和道路交通产生的振动加以限制，以达到保护环境的目的，见表 2-2-7。对于学校、医院等特别需要安静的地区，振动控制的上限标准还需要将表中的数值降低 5 dB。在该规定中，基准加速度的取值较其他标准不同，见式 2-2-1。

$$\left.\begin{array}{l} a_0 = 2 \times 10^{-5} f^{-0.5} (\text{m/s}^2), \ 1 \leqslant f \leqslant 4 \\ a_0 = 10^{-5} (\text{m/s}^2), \ 4 \leqslant f \leqslant 8 \\ a_0 = 0.125 \times 10^{-5} f (\text{m/s}^2), \ 8 \leqslant f \leqslant 90 \end{array}\right\} \quad (2\text{-}2\text{-}1)$$

表 2-2-7　日本《环境振动控制法》对环境振动的要求（VL_z/dB）

振源类型	区域划分	昼间	夜间
工厂振动	1 类	60~65	55~65
	2 类	65~75	60~65
建筑振动	1 类	45	—
	2 类	75	—
道路交通	1 类	65	60
	2 类	70	65

注：1 类区域：为保持良好的生活环境需要保持安静的区域以及供居住使用而特别需要保持安静的区域。
　　2 类区域：供居住用，兼供商业、工业等用的区域，为了保持区域内居民良好的生活环境而需要防止产生振动的区域；为不使区域内生活环境恶化而需要防止产生显著振动的区域。

2.3 环境振动限值选取

2.3.1 现有振动限值分析

在我国颁布的环境振动相关规范中，并未将高速铁路与普通铁路的振动限值进行区分。1988年发布的《城市区域环境振动标准》（GB 10070—88）对距铁路外轨中心线30 m外两侧的昼间和夜间环境振动限值均为80 dB（采用旧Z计权曲线），最新的《环境振动标准》（征求意见稿）对铁路两侧的振动限值也为80 dB，但采用了新的Z计权曲线。相较旧Z计权曲线而言，新Z计权曲线的衰减值少3~4 dB，也即，最新《环境振动标准》（征求意见稿）的限值较《城市区域环境振动标准》（GB 10070—88）严格了3~4 dB。

《城市轨道交通引起建筑物振动与二次辐射噪声限值及其测量方法标准》（JGJ/T 170—2009）中规定交通干线两侧昼间环境振动限值为75 dB，夜间环境振动限值为72 dB，由于该标准采用的Z计权因子取值为新Z计权因子四舍五入而得，故可认为该标准采用的是新Z计权曲线。由于城市轨道交通普遍比高速铁路运行产生的环境振动小，鉴于目前国内的减振降噪水平而言，若本书直接采用该限值，对于高速铁路而言将过于严苛，但其限值对本研究仍具有一定的参考价值。

针对室内的振动问题，《住宅建筑室内振动限值及其测量方法标准》（GB/T 50355—2018）给出了卧室、起居室（厅）1/3倍频程中心频率点的铅垂向振动加速度级限值。其中，在40~80 Hz频率点，卧室昼间二级限值85~93 dB、夜间二限值82~90 dB（采用新Z计权曲线），起居室（厅）全天二级限值85~93 dB（采用新Z计权曲线）。ISO给出的住宅Z振级限值为昼间80~86 dB，夜间77 dB，给出的办公室Z振级限值为全天86 dB。

站房的振动应该属于日本《环境振动控制法》规定的第2类区域，该标准规定道路交通两侧白天限值70 dB，晚上限值65 dB。该基准的基准加速度取值与其他标准不同，经过换算后发现，该标准的限值相当于采用了旧Z计权曲线的限值。

2.3.2　本书采用的环境振动限值

本书的研究对象为高速列车站房。目前，我国各个规范并未将高速列车与普通列车作区分，但是从列车、运行速度、轨道结构和桥梁所占比例上看，高速铁路与普通列车的差别较大。所以，在选取环境振动限值时，应将高速铁路这一因素考虑进来。晏锋萍[61]的硕士论文对这一限值进行了探讨，最后给出的建议限值为昼间 77 dB，夜间 75 dB（采用新 Z 计权曲线）。

本书主要考察区域为高速列车站台和站房办公室，由于站台距离轨道近，站房办公室直接位于轨道正上方，所以其振动响应较大。本书参考《城市区域环境振动标准》，站台与站房均取全天振动限值 80 dB（采用新的 Z 计权衰减曲线），相较于《城市区域环境振动标准》严格了 3~4 dB。

第 3 章

场地土体振动与站房振动传递特性现场试验

3.1 沙坪坝综合交通枢纽场地土体振动试验

3.1.1 试验概况

尽管已取得了较为完善的场地钻探资料，但由于场地土差异性较大，仅凭少数钻孔仍无法全局把握场地土的整体动力学参数。为研究振动波在重庆沙坪坝综合交通枢纽规划场地中的传播规律，决定进行现场试验，方式如下：以人为敲击为激励手段，测量距敲击点一定距离内的地面振动加速度，以考察不同频率振动波在场地内的水平传播及衰减规律。图 3-1-1 和图 3-1-2 所示为本次现场试验的场地位置与现场状况，地点为站房北侧的双子塔基坑内。

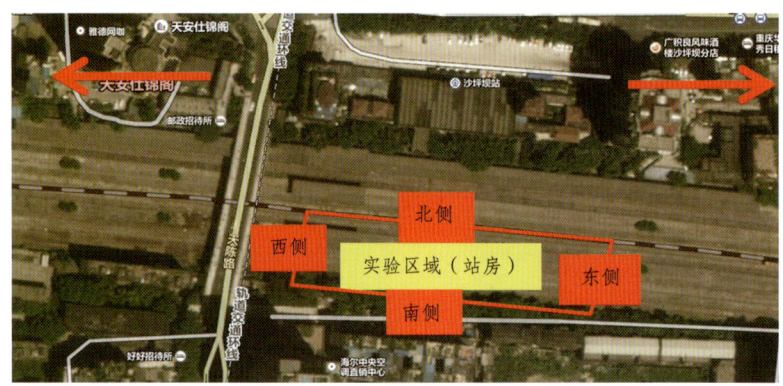

图 3-1-1 综合交通枢纽场地试验区域

图 3-1-2　基坑现场

3.1.2　试验内容

（1）在试验中测试土地本底振动，旨在掌握无显著激励状态下，仅由地脉动及远处人员或车辆活动而导致的振动剧烈程度。

（2）在人为敲击激励作用下，布置多组振动测点，通过锤击的方式施加荷载，采集土地在锤击作用下的振动加速度，获取土体振动传递规律。

3.1.3　试验目的

对环境振动而言，土地振动是极为重要的组成部分。探明沙坪坝综合交通枢纽站房周围场地土的振动传递规律，是提出合理可靠减振降噪方案的基础之一。本次试验通过人为施加锤击力的方式，对场地土的振动传递规律进行实测，可为后续建立土地有限元模型的计算参数提供现实依据。

3.1.4　测点方案

1. 试验设备

本次振动测试仪器主要有 891 型振动传感器、INV3060S 型 24

位网络式智能采集仪、LC1304B 型力锤。

（1）891 型测振仪是 701 型测振仪的换代型，它主要用于测量地面、结构物的脉动或工程振动。对于振动速度，通频带为 4～80 Hz，分辨率为 2×10^{-6} m/s^2，完全可满足本次试验的需要。

（2）INV3060S 型数据采集仪是高精度分布式采集仪，采集器采用 24 位 AD、每通道独立 AD、并行无时差、每通道 25.6 kHz 采样率、1/10/100 倍程控放大一体化设计，适用于旋转机械、桥梁振动和模态测试的数据采集。

（3）LC1304B 型力锤（见图 3-1-3），灵敏度为 0.0151 mV/N，量程为 300 kN，谐振频率不小于 40 kHz。

图 3-1-3　力锤

2. 测点布置

在基坑内选取 4 个位置，布置 4 组测点。第 1 组 CD1，共布置 3 个测点，测点间距为 5 m，布置方向为东西向（沿轨道方向），测点编号 N1、N2、N3；第 2 组 CD2，共布置 4 个测点，测点间距为 5 m，布置方向为南北向（垂直轨道方向），测点编号 N1、N2、N3、N4；第 3 组 CD3，共布置 4 个测点，测点间距 5 m，布置方向为南北向（垂直轨道方向），测点编号 N1、N2、N3、N4；第 4 组 CD4，共布置 5 个测点，测点间距 5 m，布置方向为东西向（沿轨道方向），测点编号 N1、N2、N3、N4、N5。图 3-1-4 所示为振动测点布置示意，具体测点布置情况如图 3-1-5 和图 3-1-6 所示。

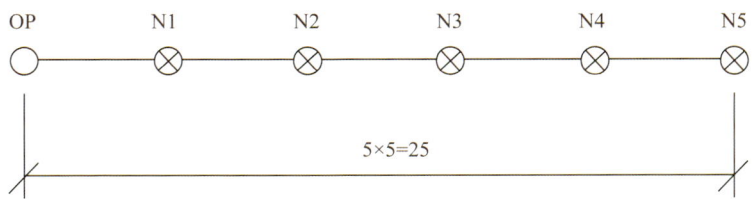

OP—激励点；Ni—加速度测点。

图 3-1-4　振动测点布置示意图

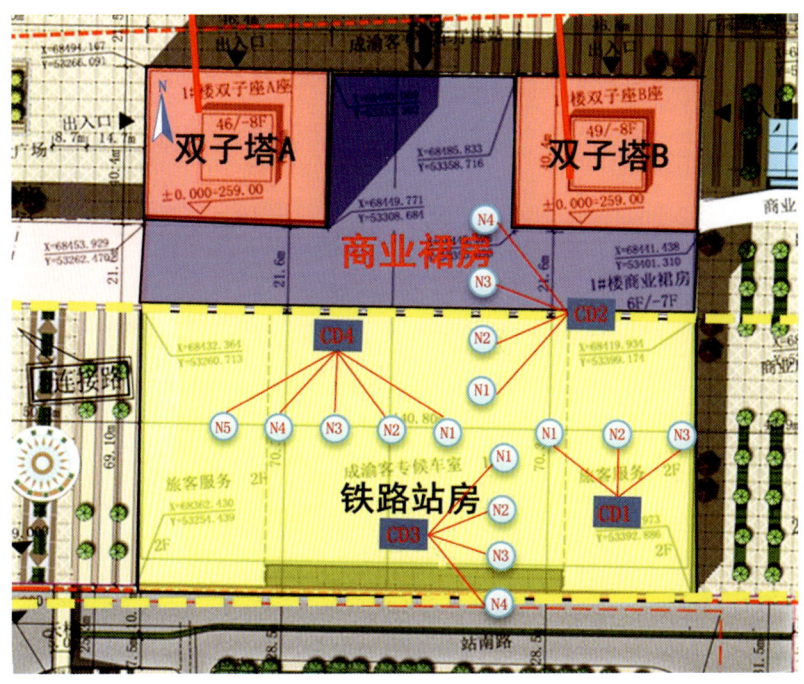

图 3-1-5　4 组测点布置平面

（a）第 1 组测点 CD1

（b）第 2 组测点 CD2

（c）第 3 组测点 CD3

（d）第 4 组测点 CD4

图 3-1-6　4 组测点布置

每个加速度测点测试 3 个加速度方向，分别为 Z 向（竖向）、X 向（东西向）和 Y 向（南北向），拾振器安装在钢支架上，通过螺纹钢钎固定，插入土层内以降低表层土对试验结果的影响。图 3-1-7 所示为测点的典型安装方式。

图 3-1-7 测点加速度传感器布置

3.1.5 测试工况

（1）锤击前，首先测试站房各方向的本底振动，测试时间为 900 s。

（2）沿东西向、南北向分别布置两组测点，通过人为施加锤击激励获得土地的振动响应规律，对每组测点均进行多次锤击，以保证数据的可靠性。

3.1.6 数据处理

极高频振动在场地土中衰减较快，对环境振动影响较小，且在建模过程中对单元的要求通常非常严苛，因此参考《城市区域环境振动标准》，主要关注的环境振动频率为 1~80 Hz，选用振动加速度级来描述土地的振动强弱。

3.1.7 测试结果

本节分别给出土地的本地振动以及锤击激励作用下土地振动测试结果，每个测点分别给出三个方向的振动，其中 Z 向为垂直地面的竖向振动、X 向为沿轨道方向的振动，Y 向为垂直轨道方向的振动。

1. 本底振动

测量环境振动和振源强度时，应在同一位置测量本底振动。图 3-1-7 所示为 Z（竖向）、X（东西向）、Y（南北向）三个方向本底振动测试结果。由图可知，东西向和南北向本底振动的优势频段较为一致为 25~40 Hz，竖向的振动优势频段为 25~50 Hz。土体本底振动受现场施工车辆、行人等多种因素的影响，可能掩盖后续锤击荷载引起的振动响应，在理论分析中应注意讨论该频段是否存在掩盖效应。

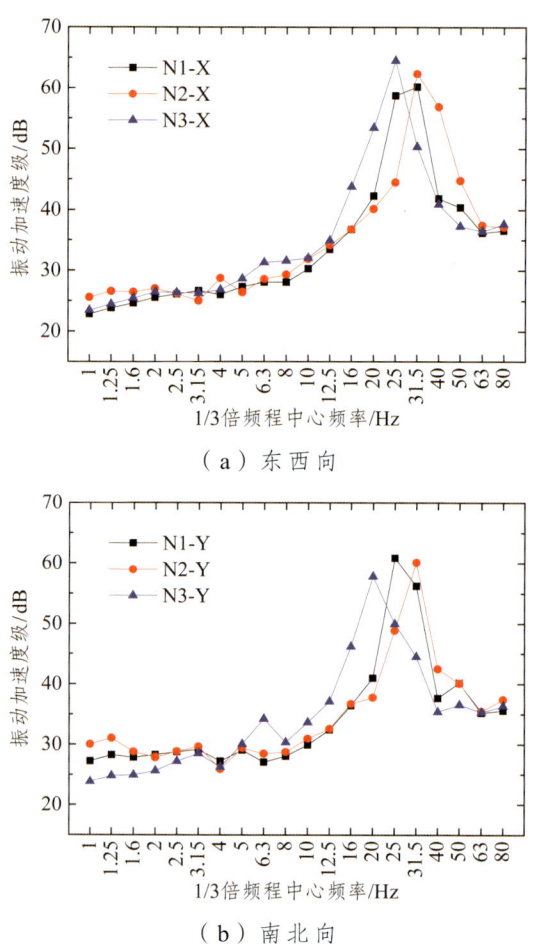

（a）东西向

（b）南北向

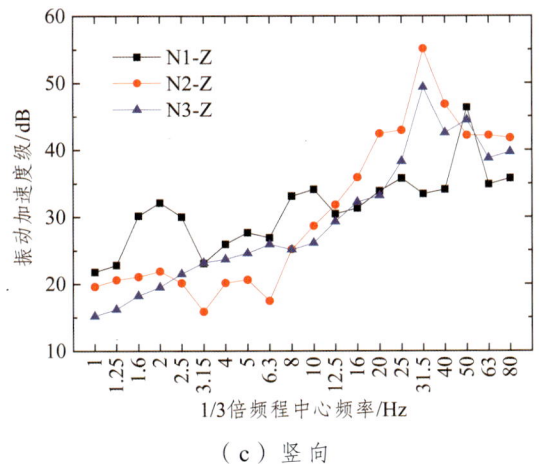

(c）竖向

图 3-1-8　CD1 振动加速度级频谱

2. 锤击引起的土体振动

锤击激励的作用原理与主要作用频段与上文所述一致，此处不再赘述。图 3-1-9 ~ 图 3-1-12 所示为 CD1 ~ CD4 共 4 组测点的振动加速度级频谱图。

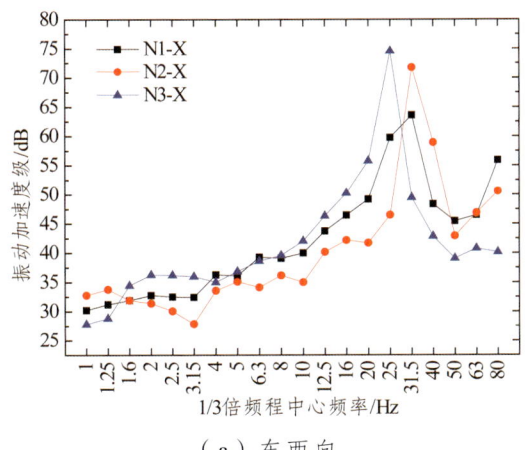

（a）东西向

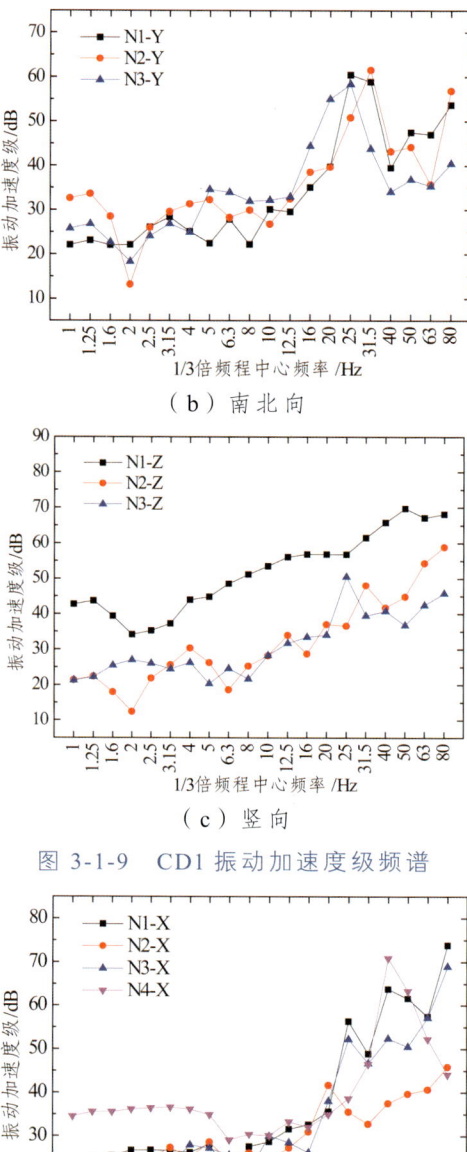

(b) 南北向

(c) 竖向

图 3-1-9　CD1 振动加速度级频谱

(a) 东西向

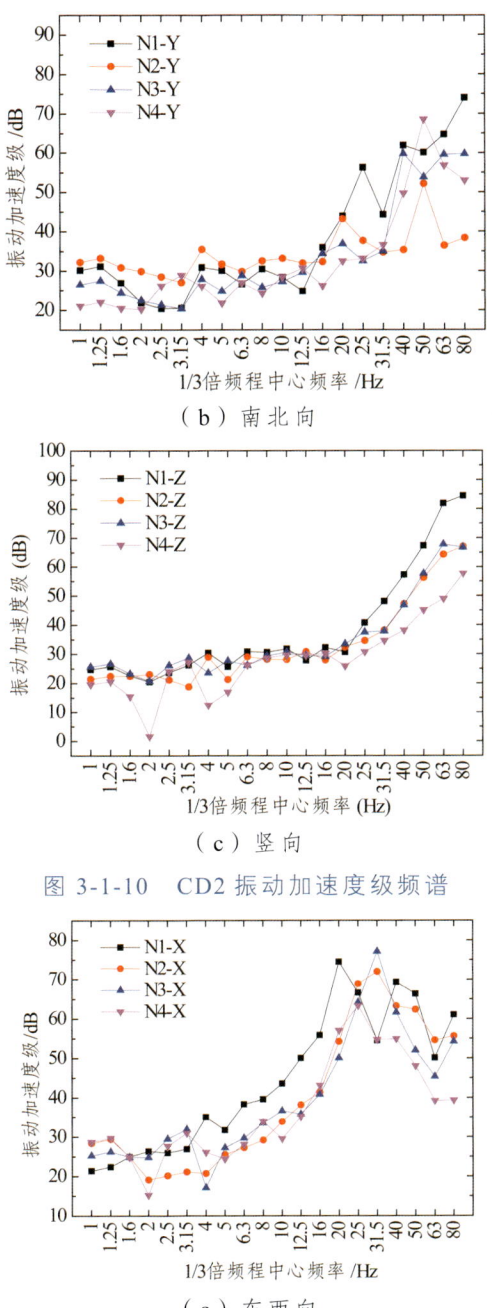

(b) 南北向

(c) 竖向

图 3-1-10 CD2 振动加速度级频谱

(a) 东西向

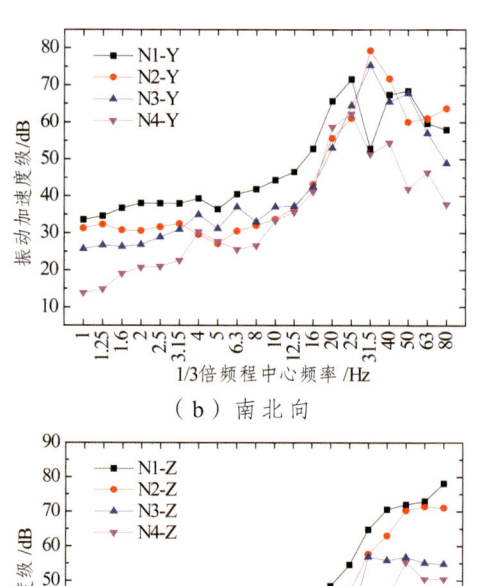

(b)南北向

(c)竖向

图 3-1-11　CD3 振动加速度级频谱

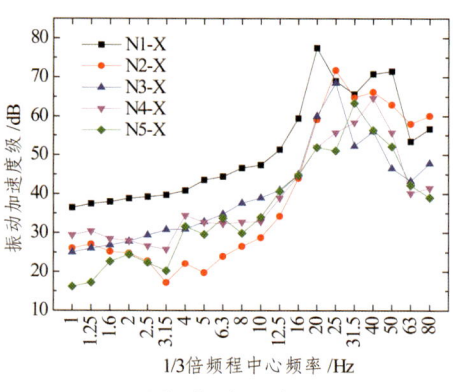

(a)东西向

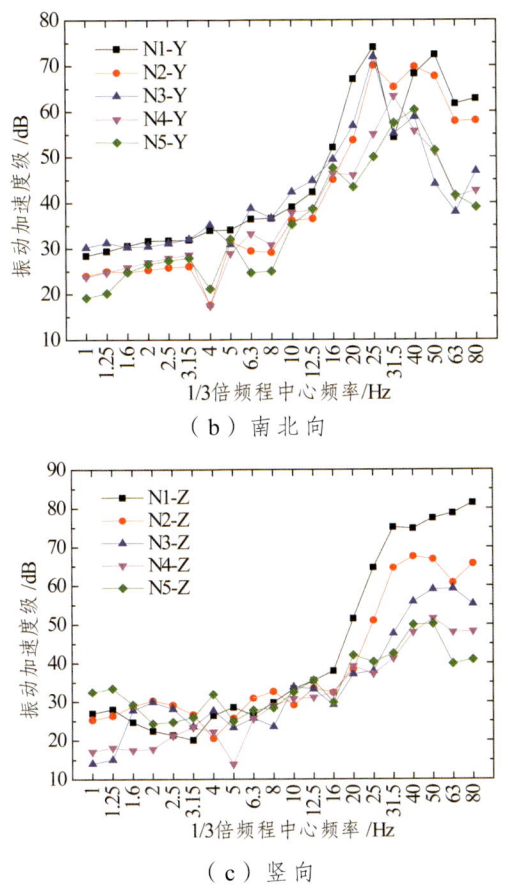

（b）南北向

（c）竖向

图 3-1-12　CD4 振动加速度级频谱

分析以上频谱图可得出以下结论：

（1）第 1 组 N1、N2、N3 分别为距离激励点 5 m、10 m、15 m 的测点，沿轨道方向布置。从图 3-1-9 可以看出，锤击荷载作用下，竖向的中高频振动增大较为明显，相对而言，东西向和南北向测点的中高频振动增幅稍弱，且高频振动随传递路径衰减较快；锤击作用下的各方向的振动优势频段较为一致，为 25～80 Hz，与本底振动存在一定的重叠效应。

（2）第 2 组测点 N1、N2、N3、N4 分别为距离激励点 5 m、10 m、

15 m、20 m 的测点，垂直于轨方向布置。从图 3-1-10 可以看出，N1 测点受锤击荷载作用最为明显，东西向、南北向和竖向的峰值振动加速度级最大，分别为 73.8 dB、74.1dB、87.31 dB；对于竖向振动而言，锤击引起各测点的中高频振动明显增大，优势频段为 25~80 Hz；对于东西向、南北向的振动而言，锤击引起的土体中高频振动随传递路径衰减明显，N1~N3 测点的振动优势频段为 25~80 Hz，N4 测点的振动优势频段为 25~50 Hz。

（3）第 3 组 N1、N2、N3、N4 分别为距离激励点 5 m、10 m、15 m、20 m、25 m 的测点，垂直轨道方向布置。从图 3-1-11 可以看出，Z 向的中高频振动增大较为明显，相对而言，东西向和南北向测点的中高频振动增幅稍弱，且高频振动随传递路径衰减较快；锤击作用下的竖向的振动优势频段为 25~80 Hz，东西向和南北向的土体振动优势频段为 16~80 Hz。

（4）第 4 组 N1、N2、N3、N4、N5 分别为距离激励点 5 m、10 m、15 m、20 m、25 m 的测点，沿轨道方向布置。从图 3-1-12 可以看出，N1 测点受锤击荷载作用最为明显，东西向、南北向和竖向的峰值振动加速度级最大，分别为 77.45 dB、74.03 dB、81.44 dB；高频振动在土体中随距离衰减明显，N1~N3 测点的振动优势频段为 20~80 Hz，N4、N5 测点的振动优势频段为 20~63 Hz。

综上所述，当测点顺轨道布置时的振动传递规律与测点垂直于轨道布置时的振动传递规律有较为明显的差异；锤击引起的高频振动在 0~15 m 范围内急剧衰减，远处测点受高频振动影响较少；本底振动锤击作用频段存在一定的重叠，因此对测试结果有一定的影响，需在时域内进一步分析土地振动的衰减规律。

3. 场地振动衰减规律

为了确定场地垂直轨道方向与沿轨道方向的振动衰减规律，基于实测的土地振动加速度时程，图 3-1-13 和图 3-1-14 所示为在人为锤击激励下，CD2（垂直轨道布置）和 CD4（沿轨道布置）测点的振动加速度随距离增加的衰减曲线。从图 3-1-13 可以看出，测点 CD2 东西向、南北向和竖向振动在 5~10 m 范围内衰减最快，东西向、南北向和竖向振动在 5~10 m 范围内分别衰减了 65%、80%、67%，在 10~20 m 范围内衰减缓慢，其中 16~20 m 范围振动衰减最慢。

从图 3-1-14 可以看出测点 CD4 振动随距离的衰减规律，东西向、南北向振动在 5~15 m 范围内分别衰减了 74%、77%，竖向振动在 5~10 m 范围内衰减了 85%。东西向、南北向振动在 5~15 m 范围内衰减最快，竖向振动在 5~10 m 范围内衰减最快，各方向振动在 15~25 m 范围内振动衰减速度缓慢。

综上所述，各组测点振动在 5~10 m 范围内衰减较快，加速度衰减在 50%以上，在 15 m 范围以后，振动衰减缓慢，衰减量很小。振动在同一土体的不同区域衰减规律略有差异，但总体规律一致。

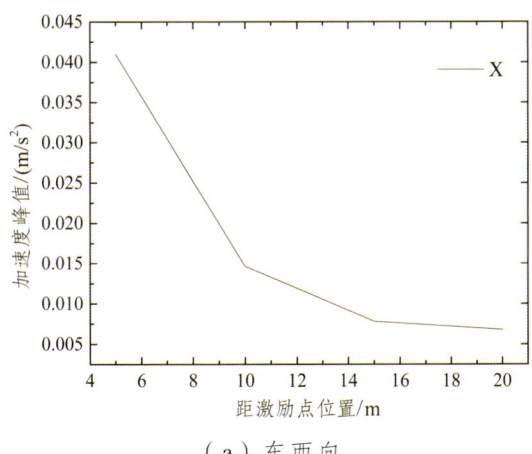

（a）东西向

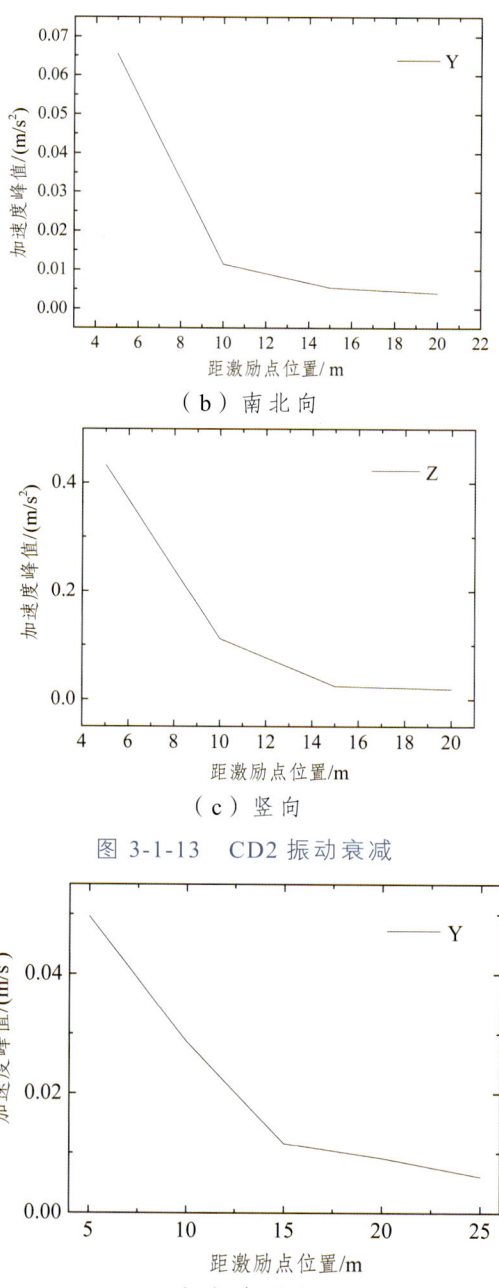

(b)南北向

(c)竖向

图 3-1-13　CD2 振动衰减

(a)东西向

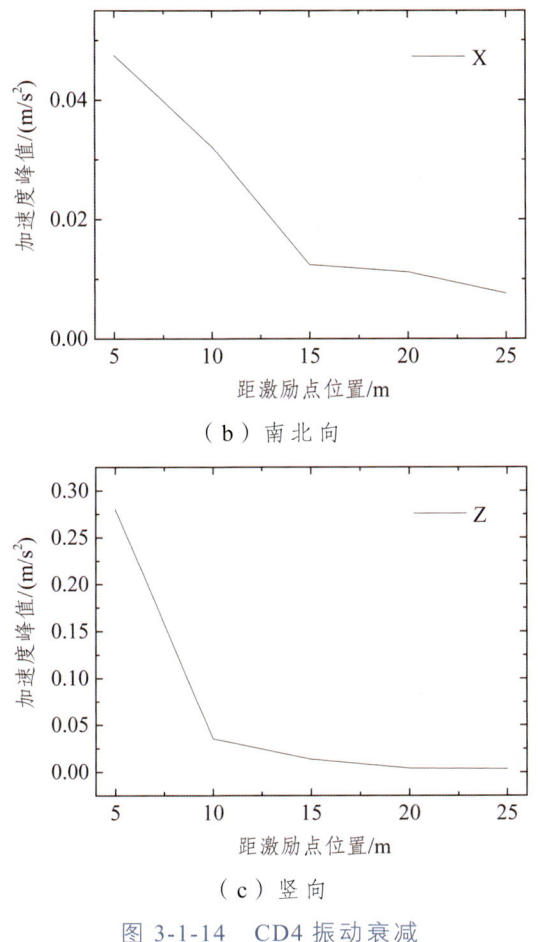

(b) 南北向

(c) 竖向

图 3-1-14 CD4 振动衰减

3.2 沙坪坝综合交通枢纽站房振动试验

3.2.1 沙坪坝综合交通枢纽站房概况

沙坪坝综合交通枢纽站房结构沿轨道方向长 138 m，垂直轨道方向宽 69.75 m，站房结构如图 3-2-1 所示。站房共三层：第一层为候车大厅和办公室，其中候车大厅以上无夹层；一楼办公区到屋面之间夹层为第二层,该区域用作商业区和休息区;第三层为屋面。站台层到一楼候车大厅高 13.9 m,一楼候车大厅到二楼休息区高 5.3 m,二楼休息区到屋面层高 6.1 m,站房整体高 13.9 m+5.3 m+6.1 m = 25.3 m。

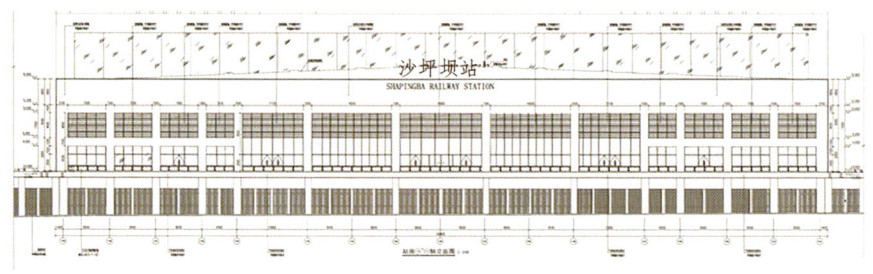

(a)站房立面

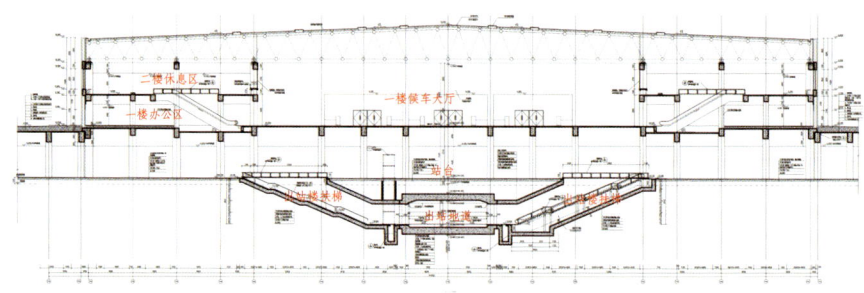

(b)站房横截面

图 3-2-1　站房结构图

3.2.2　试验内容

(1)在站房跨中断面(沿轨道方向),布置多个振动测点,选择在施工和过往车辆较少的凌晨进行数据采集,可获得较为可靠地本底振动规律,试验现场如图 3-2-2 所示。

(2)在人为敲击激励作用下,对 1 号、2 号与 3 号轨道施加人为锤击激励,每条轨道均激励 5 次以上,采集站房、站台等多个测点的振动加速度，获得结构的振动传递规律。

图 3-2-2　站房振动测试现场

3.2.3　测试目的

高速铁路振动对建筑物的影响主要是考虑结构物的安全性，虽然高铁产生的振动是小幅度的，但其循环冲击反复作用到建筑物上，也会让建筑物产生损伤。同时，高速铁路产生的振动往往会使精密仪器的寿命缩短，甚至损坏仪器。对人的影响主要是从人的健康和工作效率方面考虑，环境振动让人产生烦恼的情绪。为确定沙坪坝综合交通枢纽站房的振动特性，本次试验通过人为施加激励的方式，对站房振动的敏感频段进行实测。对比分析实测数据可为后期对站房的减振降噪优化设计提供参考。

3.2.4　测试方案

1. 试验设备

本次振动测试仪器主要有 891 型振动传感器、INV3060S 型 24 位网络式智能采集仪、LC1304B 型力锤。仪器的具体参数与土体振动试验中一致，此处不再赘述。

2. 测点布置

综合考虑现场多方因素，最终决定将测点布置在站房的跨中断面处（沿轨道方向），分别在负一层站台与一层大厅进行振动测点的布置。垂直轨道方向，每隔 10 m 布置一个振动测点，共 4 个测点，编号为 V1～V4；在负一层的二号站台顶部布置振动测点，编号为 V5。具体测点的相对位置如图 3-2-3 所示。每个测点布置 3 台 891-Ⅱ型拾振器，1 台在垂向、2 台在水平方向，分别为 X、Y、Z 3 个方向，其中 X 方向的传感器沿轨道方向布置，Z 向传感器垂直于地面布置。891-Ⅱ型拾振器通过 704 硅橡胶粘在测点处。

3. 测试工况

（1）测试站房内各测点的本底振动，振动采样时间为 900 s。

（2）综合考虑现场多方面因素，最终决定对 1 号、2 号与 3 号轨道的跨中断面处施加人为锤击激励，每条轨道锤击 5 次。

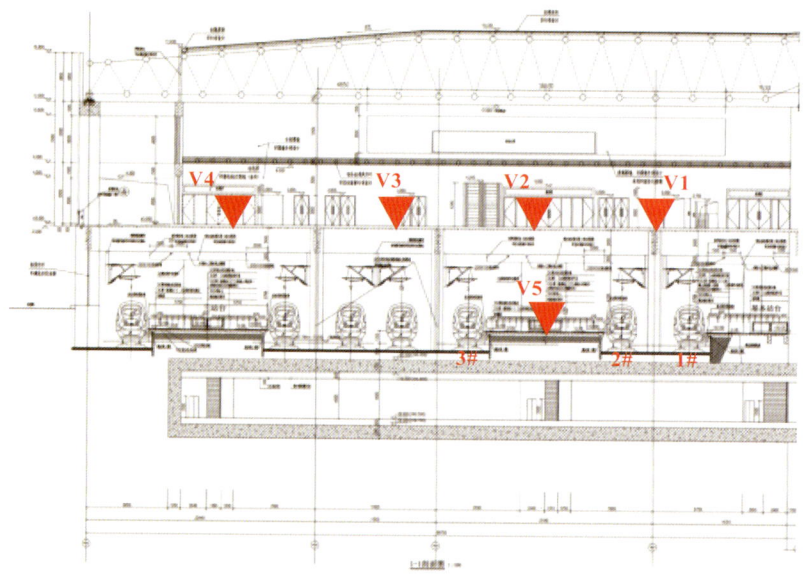

（a）站房测点布分布（跨中断面）

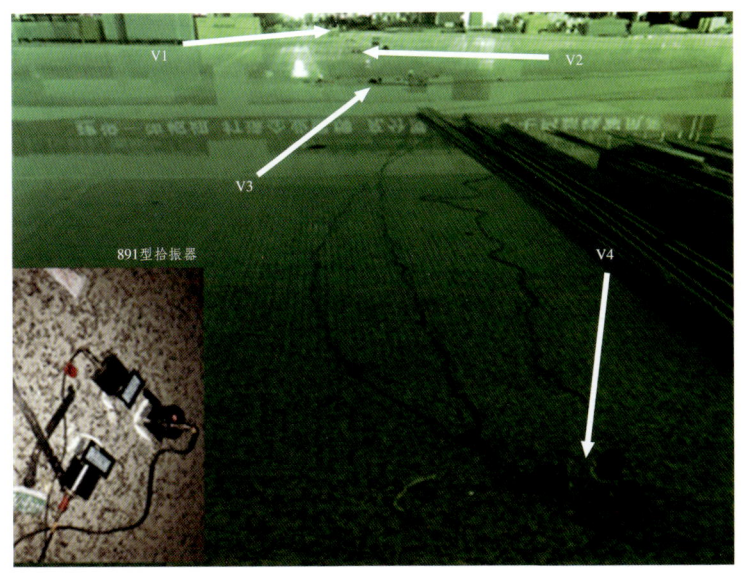

（b）一层大厅拾振器布置图

图 3-2-3　振动测点布置

4. 数据处理

针对高速铁路引起的环境振动，我国采用的是竖向振级 VL_z，即采用 Z 计权的振动加速度级。因此，本书采用竖向振级作为评价量对站房的实测数据进行分析。

3.2.5　测试结果

1. 本底振动

测量环境振动时，应在同一位置测量本底振动。本次试验的站房本底振动在凌晨进行布点与数据采集，最大程度避免了施工和过路车辆带来的影响。

图 3-2-4 所示为站房与站台等测点的本底振动。分析可知，站房与站台的本底振动规律一致，优势频段集中在低频，为 1～10 Hz，峰值频率均为 2 Hz。

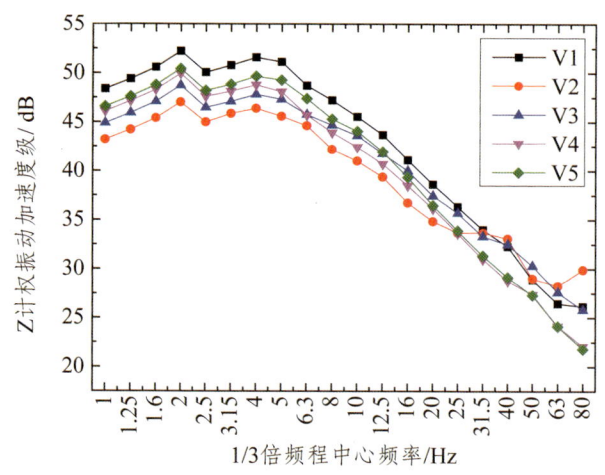

图 3-2-4 站房、站台振动加速度级

2. 锤击激励

采用 LC1304B 型力锤敲击为激励，测量敲击 1 号、2 号与 3 号轨道时，V1~V5 各测点的振动加速度，以考察站房结构的振动敏感频段与振动波的传播规律。

图 3-2-5 分别给出了典型锤击力的时程与频谱。分析可知，锤击荷载的峰值约为 10 kN；在 0~100 Hz 内锤击力的作用尤为明显，因此该人为激励方式能够覆盖本研究讨论的所有频段。

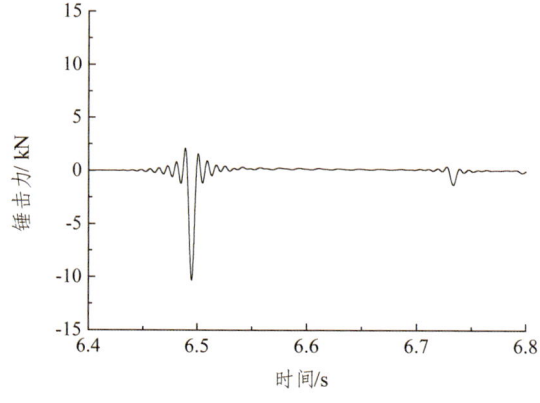

（a）锤击荷载时程

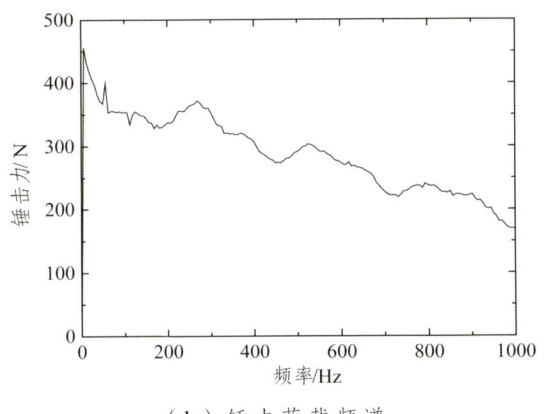

（b）锤击荷载频谱

图 3-2-5　锤击荷载的时程与频谱曲线

3. 锤击引起的站房振动

（1）1 号轨道锤击。

图 3-2-6 和图 3-2-7 所示为 V1～V5 各测点在对 1 号轨道进行锤击时产生的振动加速度时程与振动加速度级频谱，分析可以得出以下结论：

① 对 1 号轨道进行锤击时，V1、V2、V3 和 V5 等 4 个测点均有较为明显的振动响应，V4 测点由于距离轨道较远，受锤击荷载影响不明显。

② 对于一层大厅，V2 测点的振动加速度峰值最大，这是由于锤击激励在结构柱中传递效率更高，且 V2 测点距激励点相对更近；站台由于距锤击点最近，其振动加速度峰值大于一层大厅各测点的加速度峰值。

③ 在频域内分析，V1、V2、V3 和 V5 在中高频受锤击荷载作用较为明显，振动优势频段为 31.5～80 Hz，与结构的本底有明显的差异，可见该试验方式能够较为有效的反应站房与站台的振动敏感频带；V4 测点距激励点较远，受锤击荷载作用不明显，其优势频段与结构本底一致，为 1～10 Hz；结构的高频振动在传递过程中有较

大的衰减。

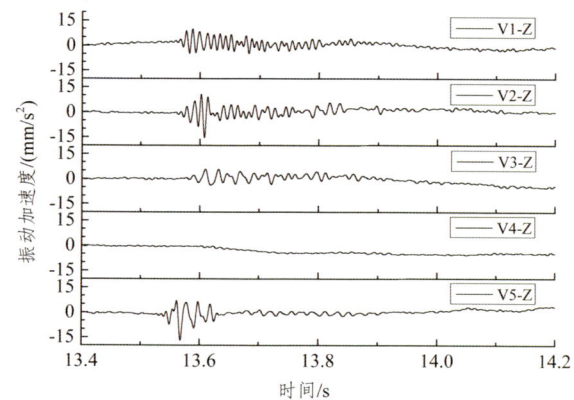

图 3-2-6　站房、站台振动加速度时程

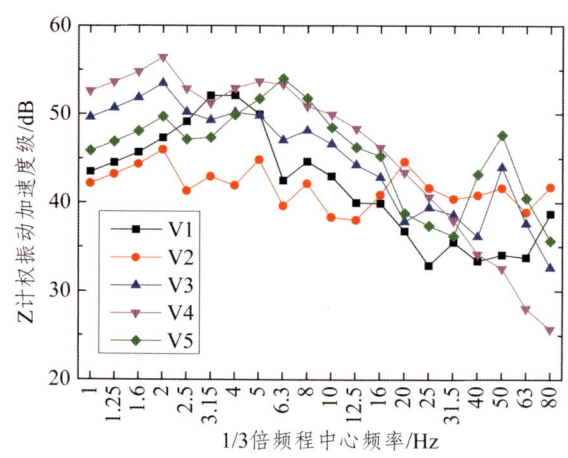

图 3-2-7　站房、站台振动振动加速度级

（2）2 号轨道锤击。

图 3-2-8 和图 3-2-9 所示为 V1～V5 各测点在对 2 号轨道进行锤击时产生的振动加速度时程与振动加速度级频谱。分析可以得出以下结论：

① 对 2 号轨道进行锤击时，V1、V2、V3 和 V5 等 4 个测点均有较为明显的振动响应，V4 测点由于距离 2 号轨道依然较远，受锤

击荷载影响依然不明显。

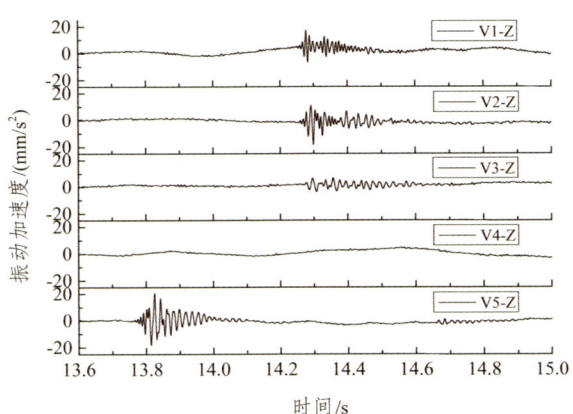

图 3-2-8　站房、站台振动加速度时程

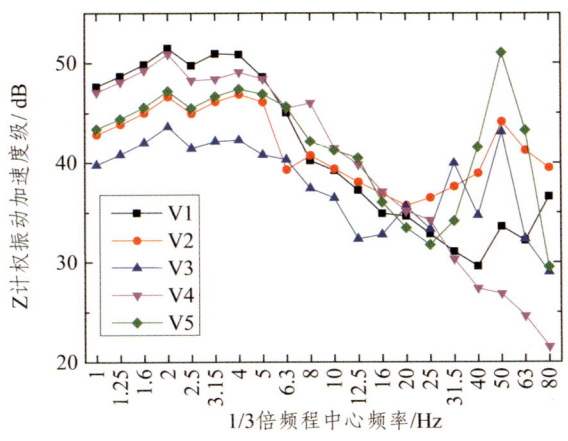

图 3-2-9　站房、站台振动加速度级频谱

② 对于一层大厅的振动测点，V2 测点的振动加速度峰值最大，这是由于锤击激励在结构柱中传递效率更高，且 V2 测点距激励点相对更近；站台由于距锤击点最近，其振动加速度峰值大于一层大厅各测点的加速度峰值。

③ 对频域内的振动加速度级进行分析，V4 测点的振动加速度级频谱与结构本底振动规律一致，优势频段为 1~10 Hz，几乎不受

锤击荷载影响；其余 4 个测点在锤击荷载作用下的敏感频段集中在中高频，振动优势频段为 31.5～80 Hz，V5 的中高频振动增大最为明显。

（3）3 号轨道锤击。

图 3-2-10 和图 3-2-11 所示为 V1～V5 各测点在对 3 号轨道进行锤击时产生的振动加速度时程与振动加速度级频谱，分析可以得出以下结论：

① V1、V2、V3 和 V5 等 4 个测点均有较为明显的振动响应，V4 测点距 3 号轨道相对其他测点更远，受到锤击激励的影响相对较弱，有较为微弱的受迫振动响应。

② 对于一层大厅，V3 测点的振动加速度峰值最大，且从时程曲线可以看出，V3 测点首先开始受迫振动，因此在 3#轨道锤击时，人为激励首先传递到 V3 测点；站台的振动加速度峰值略小于 V3 处的加速度峰值，这可能是由于振动在梁、柱中的传递效率较土地更高导致的。

③ 在频域内分析，V1、V2、V3 和 V5 在中高频受锤击荷载作用较为明显，其中 V5 受锤击荷载影响最明显，激励作用下的振动优势频段为 31.5～80 Hz；V4 在 63～80 Hz 受到锤击荷载的影响，可见在人为锤击荷载作用下，结构的中高频振动会增大。

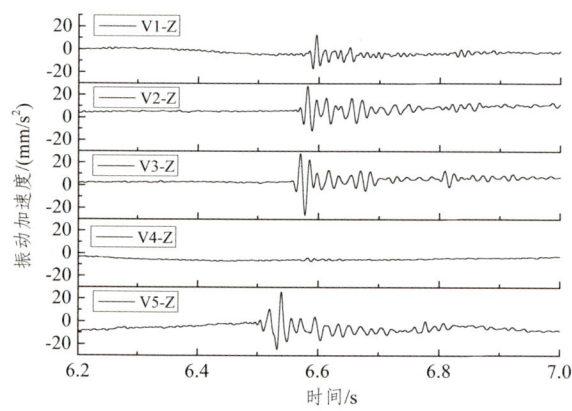

图 3-2-10　站房、站台振动加速度时程

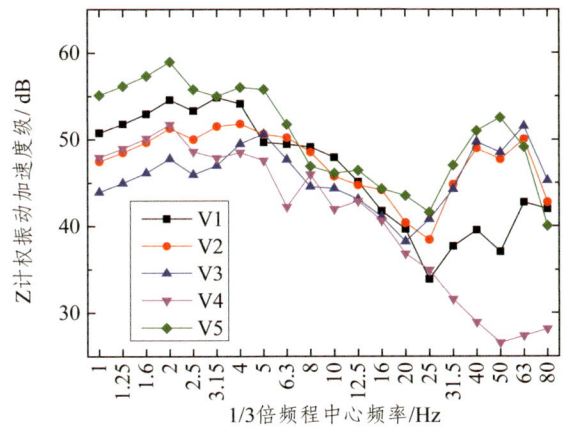

图 3-2-11　站房、站台振动加速度级频谱

3.3　本章小结

本章对重庆沙坪坝综合交通枢纽的场地土体振动与站房的振动进行了测试，通过人为施加锤击激励的方式，对振动在土地与站房中的传播、衰减规律进行了初步的探讨，为后续建立有限元模型提供了现实依据与计算参数。本章的主要结论如下：

（1）土体本底振动受现场施工车辆、行人等多种因素的影响，可能掩盖后续锤击荷载引起的振动响应。土体的东西向和南北向振动优势频段较为一致，为 25~40 Hz，竖向的振动优势频段为 25~50 Hz。

（2）测点顺轨道布置时的振动传递规律与测点垂直于轨道布置时的振动传递规律有较为明显的差异；锤击引起的高频振动在 0~15 m 范围内急速衰减，远处测点受高频振动影响较小；本底振动对测试结果有一定的影响。

（3）土体在各个方向的峰值振动加速度衰减规律较为一致，在 5~10 m 范围内衰减较快，峰值加速度衰减在 50%以上，在 15 m 范围以后，振动衰减缓慢，衰减量很小；振动在同一土体的不同区域衰减规律略有差异，但总体规律一致。

（4）结构的本底振动主要集中在低频，各测点的振动规律一致，优势频段为 1~10 Hz，峰值频率均为 2 Hz。

（5）人为锤击激励在 0~1 000 Hz 均有明显的振动，且在 0~100 Hz 内的振动尤为明显，因此该激励方式能够较好地覆盖本次讨论的所有频段，这种激励方式是合理的。

（6）站房一层大厅在锤击激励作用下产生的振动响应主要受到振动传递路径与结构自身特性的影响。对 1 号、2 号轨道进行锤击时，最大振动加速度峰值出现在 V2 测点处，站台附近的加速度峰值均略大于一层大厅的振动加速度峰值；对 3 号轨道进行锤击时，最大加速度峰值出现在 V3 测点处，站台处的振动加速度峰值略小于前者。

（7）在频域内分析，锤击力作用下，结构的中高频振动会有较为明显的增大，因此后续应对结构中高频的振动响应进行分析讨论，V5 在锤击荷载作用下，中高频振动增大最为明显。

（8）结构本底振动主要集中在低频，因此在对站房的振动测试过程中，本底振动可能掩盖了锤击激励对站房低频振动的影响，后续应对结构低频振动的传递特性进行理论分析。

第 4 章

站房与站台的振动预测模型

4.1 轨道-土体有限元模型

4.1.1 基本资料

本书采用 ANSYS 15.0 建立轨道-土体有限元模型进行环境振动分析。模型依托工程为重庆沙坪坝火车站综合交通枢纽，该项目用地面积约 128 703 m^2（包含站东路、火车站东侧和南侧规划道路面积），项目占地面积 113 207 m^2，总建筑面积共 695 000 m^2，其中地面 460 000 m^2，地下 245 350 m^2。物业开发主要在火车站站场与站东路之间地块，主要由 2 栋超高层商业物业、3 栋超高层居住物业和多层商业用房组成。

本书关注对象为沙坪坝火车站站房区域，站房尺寸为 138 m×69.75 m，包含 7 条轨道，其中 2 条正线和 5 条到发线，站房北靠双子塔，中间用隔振墙隔离，南靠站南路，东西紧邻上盖广场。

4.1.2 模型尺寸及参数

本书建立的轨道-土体模型与实际工程一致。轨道-土体计算模型沿轨道方向长 210 m，垂直轨道方向宽 100 m。土体厚度取 20 m，共两层土体，第一层厚 7.6 m，第二层厚 12.4 m。轨道与站台的分布如图 4-1-1 所示，轨道 4 和轨道 5 为正线，其余轨道为到发线。轨道结构为减振型双块式无砟轨道，钢轨采用 SHELL63 单元模拟，道床板和底座板采用 SOLID45 单元模拟，扣件、减振垫和滑动层采用 COMBIN14 单元模拟，轨道结构局部如图 4-1-3 所示。土体模型采用 SOLID45 单元模拟，第一层土体为泥岩，第二层土体为砂岩，具体的土体参数见表 4-1-1。

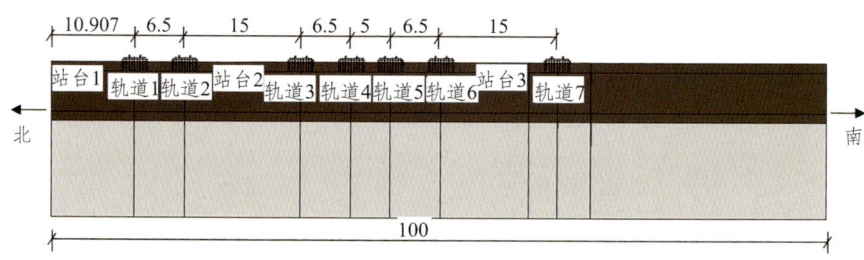

图 4-1-1　轨道-土体模型横向剖面图（单位：m）

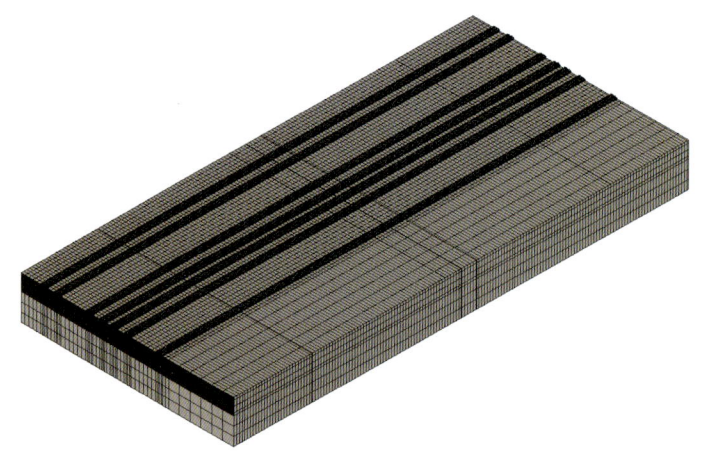

图 4-1-2　轨道-土体有限元模型

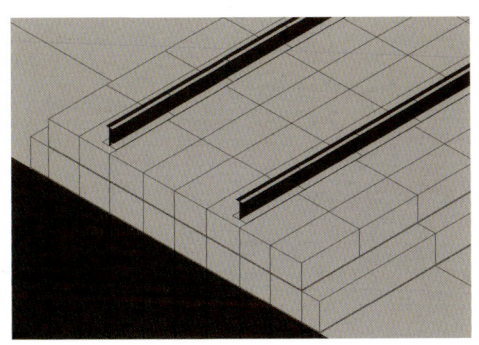

图 4-1-3 轨道结构局部图

表 4-1-1 土体计算参数

土层	深度/m	弹性模量/MPa	泊松比	重度/（kN/m³）
泥岩	0~7.6	840	0.330	25.9
砂岩	7.6~20	2 690	0.252	24.6

轨道结构的钢轨采用 60 kg/m，定尺长 100 m U71Mn 热处理无孔钢轨，钢轨质量符合《43 kg/m～75 kg/m 钢轨订货技术条件》（TB/T 2344—2012）的要求，钢轨参数见表 4-1-2。

表 4-1-2 钢轨参数

型号	轨高/mm	底宽/mm	头宽/mm	腰厚/mm	材质/mm	理论重量/(kg/m)
60 kg 重轨	176	150	73	16.5	U71Mn	60.64

道床与底座板采用 C40 钢筋混凝土结构，道床宽 2 800 mm，底座宽 3 200 mm，轨道结构高度见表 4-1-3。

表 4-1-3 轨道结构高度表　　　　　单位：mm

轨道类型	钢轨高度 h_1	WJ-8B 扣件高度 h_2	承轨面至道床板面高度 h_3	减振垫的高度 h_4	道床板高度 h_5	支承层或底座高度 h_6	$H=\sum_{i=1}^{4}h_i$
减振型双块式无砟轨道	176	34	45	27	325	208	815

旅客通过站台底下的地下通道出站，通道尺寸 14.6 m×5.2 m，深 61.808 m，如图 4-1-4 所示。

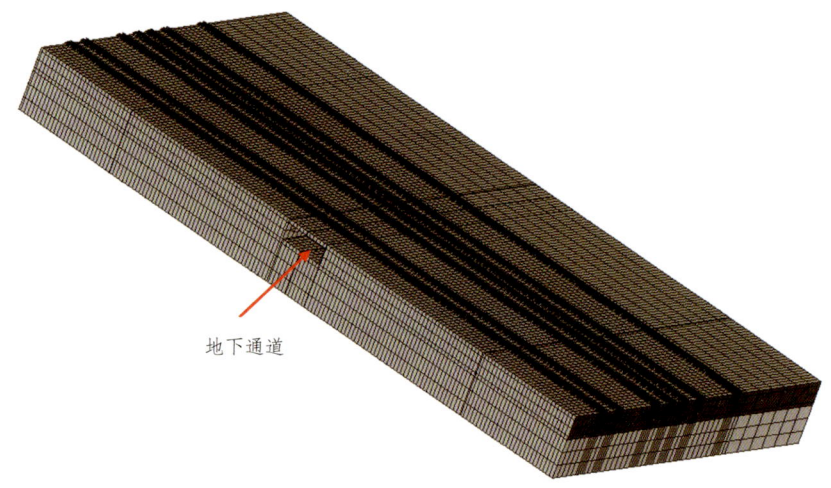

图 4-1-4　地下通道示意

4.1.3　网格划分

模型中钢轨和道床板的纵向尺寸为 0.65 m，底座板的纵向尺寸为 1.3 m。考虑单元网格的大小对计算结果的影响，杨永斌[28]提出了一种网格划分依据，即

$$\Delta x \leqslant \frac{C_s}{6 f_{max}} \quad (4\text{-}1\text{-}1)$$

式中　Δx ——网格尺寸；

　　　C_s ——土层的剪切波速（m/s）；

　　　f_{max} ——分析时的上限频率（Hz）。

沙坪坝火车站站区的土体主要为泥岩和砂岩，泥岩的剪切波速为 950～1 100 m/s，环境振动考虑的频率范围为 1～100 Hz，故上限频率取 100 Hz，根据式（4-1-1）计算出最大单元尺寸为 1.58 m。实际上，轨道-土体模型较为庞大，若严格按照计算出的单元尺寸划分，计算效率将大大降低甚至无法进行，故本书在靠近激励源的地方划分尺寸选取 0.65~1.3 m，并在远离激励源的地方逐步增加单元尺寸。

4.1.4 边界处理

模型中的土体是用有限的模型来模拟无限的土体，所以会出现边界上的波反射问题，这在一定程度上会影响计算结果的精度。黏弹性边界通常可以解决这样的问题，本书采用黏弹性边界的三维一致人工边界，即在已建立的模型上向外延伸一层，然后将这一层的外部节点全部约束。模型北面为双子塔基坑，此处设立隔振墙以消除振动反射并对此处边界采用自由边界，不进行约束。

4.1.5 材料力学参数

轨道-土体模型中各材料的力学参数见表 4-1-4。

表 4-1-4 材料力学参数

材料	弹性模量/Pa	泊松比	重度/(kN/m³)	阻尼比
钢轨	2.1×10^{11}	0.300	76.98	0.010
道床板	3.2×10^{10}	0.300	23.50	0.030
底座板	3.2×10^{10}	0.300	23.50	0.030
泥岩	8.4×10^{8}	0.330	25.90	0.037
砂岩	2.69×10^{9}	0.252	24.60	0.044

表中泥岩和砂岩阻尼比取值参考刘健锋[62]论文"循环荷载下岩石阻尼参数测试的试验研究"，该文章给出了岩石阻尼比取值计算公式，$\lambda = -5.0137\rho + 16.969$，其中密度单位为 g/cm³。将泥岩和砂岩密度带入计算后得出泥岩阻尼比 0.037，砂岩阻尼比 0.044。

扣件刚度为 3.5×10^{7} N/m，阻尼比为 0.25；道床板与底座板之间设置减振垫，刚度 2.5×10^{6} N/m，阻尼比 0.2；底座板与土体连接处

刚度 3.97×10^{10} N/m，阻尼比 0.2。

4.2 站房结构有限元模型

4.2.1 有限元模型

站房立柱与站台层的相对关系如图 4-2-1 所示。利用 ANSYS15.0 对站房结构进行建模分析，梁柱采用 BEAM188 单元模拟，墙面和楼板采用 SHELL63 单元模拟，有限元模型如图 4-2-2 所示。

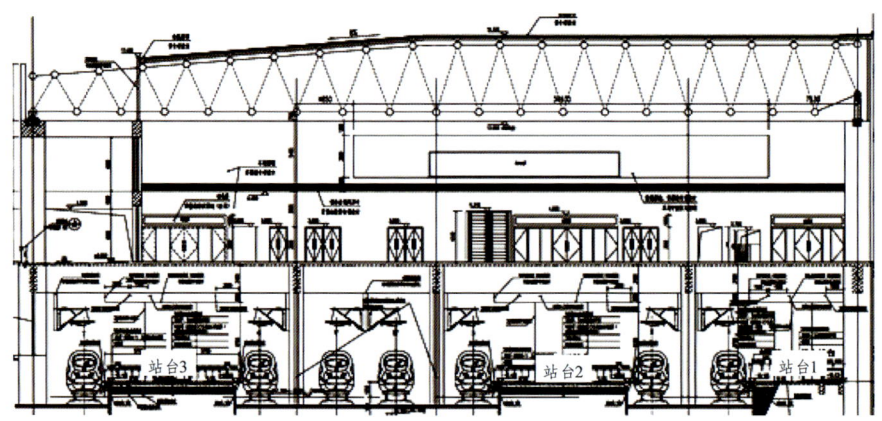

图 4-2-1 站房立柱与站台层的相对关系

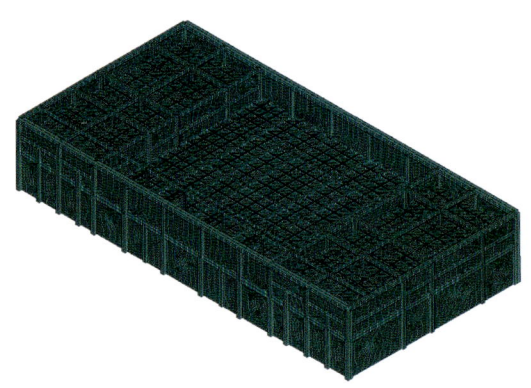

图 4-2-2 站房结构有限元模型

站房候车大厅层的梁柱尺寸见表 4-2-1，第一层梁柱平面如图 4-2-3 所示。

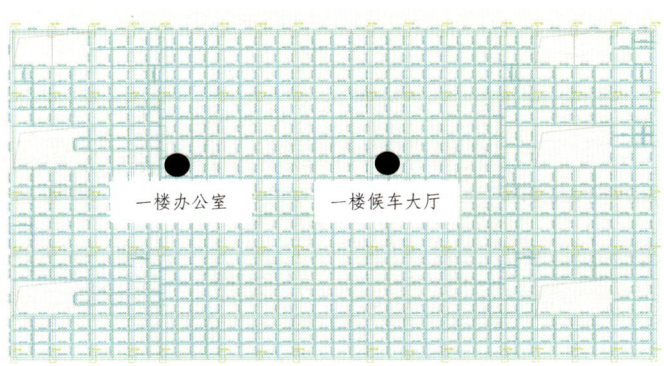

图 4-2-3　第一层梁柱平面图

表 4-2-1　第一层梁柱尺寸　　　　　　　　单位：mm

梁	1 600×500	1 700×900	1 800×800	2 400×100	1 500×400	1 500×700
	2 000×1 000	2 200×1 000	1 400×400	1 600×1 000	1 800×900	1 200×400
	400×250	2 000×900				
柱	1 200×1 200	1 300×2300	1 300×2 100	1 500×1 200		

站房第二层商业服务区梁柱尺寸见表 4-2-2，第二层梁柱平面图如图 4-2-4 所示。

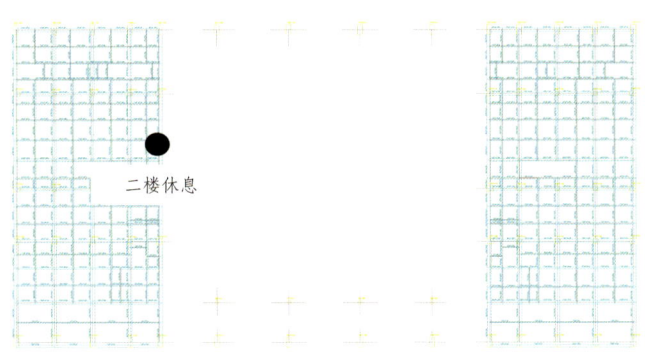

图 4-2-4　第二层梁柱平面图

表 4-2-2　第二层梁柱尺寸　　　　　　单位：mm

梁	1 500×500	1 550×900	1 550×800	1 000×350	750×250
	400×250	1 600×800	1 600×1 000	1 600×850	1 500×900
	1 500×800	1 400×600	1 600×900	1 400×400	1 200×800
	1 200×700	1 200×400	1 200×600		
柱	800×800	1 000×1000	1 100×2 100	1 100×1 100	1 400×1 200

站房屋面层梁柱尺寸见表 4-2-3，屋面梁柱平面图见图 4-2-5。

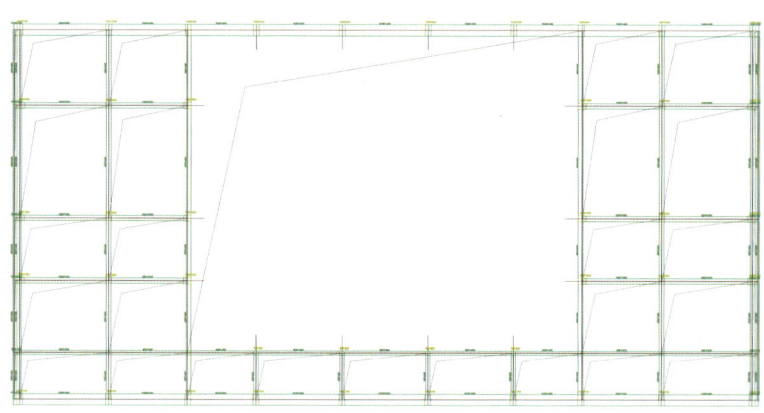

图 4-2-5　第三层梁柱平面图

表 4-2-3　第三层梁柱尺寸　　　　　　单位：mm

梁	1 400×2 100	1 400×800	1 200×1 000	1 400×900	600×800	1 400×1 300
柱	800×800	1 000×1 000	1 100×2 100	1 400×1 200		

站房第一层楼板有三种板厚，分别为 0.25 m、0.1 m 和 0.2 m；第二层楼板厚 0.15 m；站房墙面厚度为 0.15 m。

4.2.2　材料力学参数

站房结构的梁、柱、板采用同一种材料，各材料的力学参数详见表 4-2-4。

表 4-2-4 材料参数

材料	弹性模量/Pa	泊松比	密度/（kN/m³）	阻尼比
立柱	3.25×10^{10}	0.20	25.5	0.030
梁	3.25×10^{10}	0.20	25.5	0.030
墙面	1.03×10^{10}	0.15	11.2	0.030
地板	3.25×10^{10}	0.20	25.5	0.030

站房结构梁、柱、板的网格尺寸均为 0.5 m，站房柱底固定 UX、UY、UZ 三个方向。站房结构自振频率见表 4-2-5，前 6 阶振型均为墙面的局部振动模态（第 1 阶见图 4-2-6），第 7 阶振型为站房的横向振动模态（见图 4-2-7）。

表 4-2-5 站房结构自振频率

阶数	频率/Hz
1	1.19
2	1.20
3	1.31
4	1.32
5	2.08
6	2.10
7	2.20
8	2.51
9	2.52
10	2.83

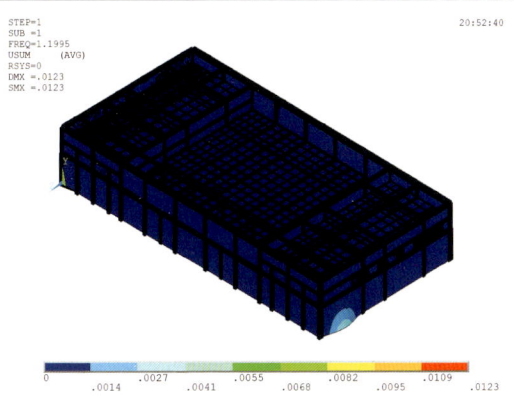

图 4-2-6 站房墙面局部振动模态（第 1 阶，频率 1.19 Hz）

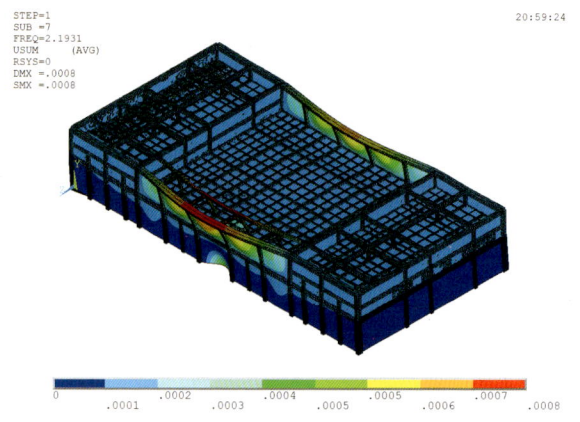

图 4-2-7　站房整体横向振动模态（第 7 阶，频率 2.20 Hz）

4.3　模型验证

4.3.1　加速度导纳

导纳是输出响应信号和输入激励信号的傅里叶变换的比值，按输出响应信号的不同，可分为位移导纳、速度导纳和加速度导纳。导纳反映了结构本身的固有振动特性，与输入无关。锤击试验，即给结构施加一个脉冲激励，同时采集输入激励信号和输出响应信号。锤击激励一次相当于在所要研究的频率范围内都进行了一次试验，这一过程又称扫频[62]。

在锤击力作用下，系统振动微分方程为，

$$M\ddot{X} + C\dot{X} + KX = Fe^{i\omega t} \tag{4-3-1}$$

式中　M，C，K——质量矩阵、阻尼矩阵和刚度矩阵；

$\ddot{X}, \dot{X}, X$——加速度、速度和位移响应矩阵；

$Fe^{i\omega t}$——锤击力。

将实测锤击力信号（Force）作为系统输入，实测加速度信号（Acceleration）作为系统输出，则加速度导纳为输出加速度信号的

傅里叶变换 $\ddot{X}(\omega)$ 与输入力信号的傅里叶变换 $F(\omega)$ 之比，也可以利用输出信号和输入信号的互功率谱 $S_{AF}(\omega)$ 与输入信号的自功率谱 $S_{FF}(\omega)$ 之比表示

$$H_{AF}(\omega) = \frac{\ddot{X}(\omega)}{F(\omega)} = \frac{S_{AF}(\omega)}{S_{FF}(\omega)} \quad (4\text{-}3\text{-}2)$$

4.3.2 轨道-土体有限元模型验证

在实际工程当中，土体主要受 Z（垂向）向的激励作用，并且在环境评价标准中主要探讨的振动均为 Z 向振动，此处仅选用土体 Z 向的加速度导纳进行模型验证。图 4-3-1 所示为 N2（距离锤击点 10 m）与 N3（距离锤击点 15 m）的振动加速度导纳。

从图 4-3-1 可以看出，无论是 N2 测点还是 N3 测点，仿真值与实测值的分布规律基本一致，优势频段为 40~100 Hz；在量值上看，25~45 Hz 频段内的仿真值与实测值存在一定的差异，这主要是由于在现场试验过程中，表层土体起到了一定的减振作用，从而导致实测数据偏小，仿真值偏大。总体而言，该轨道-土体有限元模型能够正确地反映现实中的振动传播规律，可用于后续理论分析。

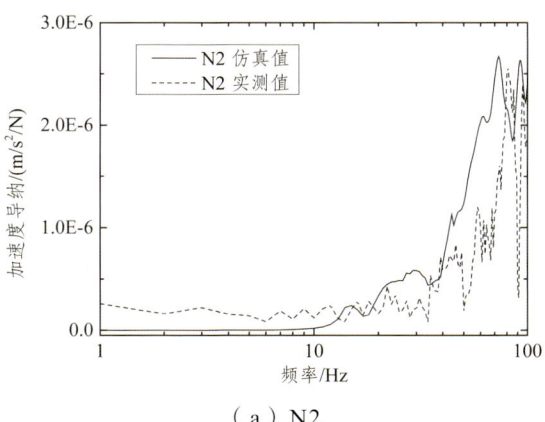

（a）N2

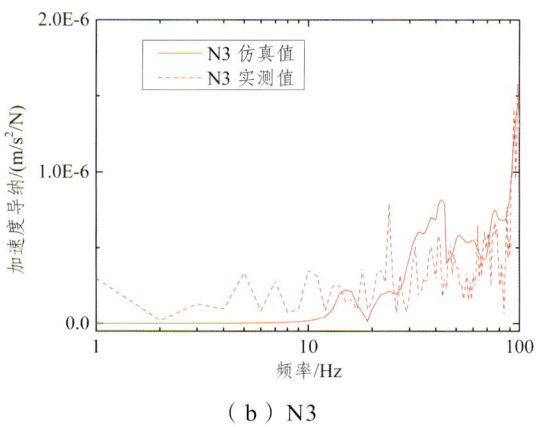

（b）N3

图 4-3-1　土体振动加速度导纳仿真值与实测值对比

4.3.3　站房有限元模型验证

图 4-3-2 所示为对 3 号轨道施加激励时，站房 V2、V3（一层大厅）测点的振动加速度导纳。分析可知，在 1～10 Hz 频段内，仿真值与实测值存在巨大的差异，这主要由于实测数据中含有仿真时未考虑的结构本底振动，且实测的结构本底振动集中于 10 Hz 以内（4.2 节）；在 10～100 Hz 频段内，仿真值与实测值分布规律大致相同，且量值接近，优势频段为 40～80 Hz。可见，此模型具有足够的精度，适合用于后续理论分析。

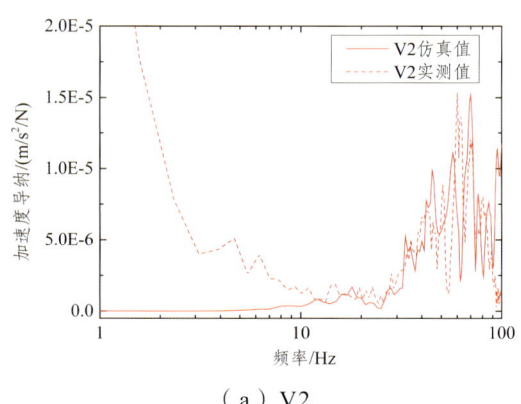

（a）V2

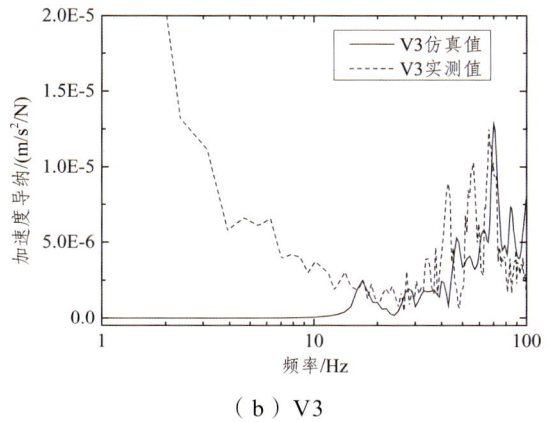

(b) V3

图 4-3-2　站房振动加速度导纳仿真值与实测值对比

4.4　本章小结

本章以重庆沙坪坝综合交通枢纽为工程背景,建立了轨道-土体有限元模型、站房结构有限元模型。为保证模型的可靠性,分别计算两种模型的振动加速度导纳,并与实测数据进行对比。对比分析后可以得到以下结论:

（1）对轨道-土体有限元模型而言,计算得到的振动加速度导纳仿真值与实测值分布规律一致,优势频段为 40～100 Hz;在量值上,这主要是由于在现场试验过程中,表层土体起到了一定的减振作用,从而导致实测数据偏小,仿真值偏大。总体而言,该轨道-土体有限元模型能够正确地反映现实中的振动传播规律,可用于后续分析。

（2）对于站房结构有限元模型而言,在 1～10 Hz 频段内,仿真值与实测值存在巨大的差异,这主要由于实测数据中含有仿真时未考虑的结构本底振动,且实测的结构本底振动集中于 10 Hz 以内(第 3 章);在 10～100 Hz 频段内,仿真值与实测值分布规律大致相同,且量值接近,优势频段为 40～80 Hz。可见,此模型具有足够的精度,适合用于后续理论分析。

第 5 章

机动车辆作用下的站房振动响应

5.1 机动车辆作用下的站房振动响应测试

5.1.1 试验概况

在重庆沙坪坝综合交通枢纽周围有三条繁忙的公共道路，来往的社会车辆会对站房内的振动产生一定的影响。道路与站房的相对位置关系如图 5-1-1 所示。本次试验为确定站房的减振效率，确定站房内的振动满足限值要求，以站南路为例，在站南路与站房一层大厅分别布置了振动测点，测试来往机动车辆作用下站房的振动状况并给出从道路→站房的振动衰减速率。本次试验的测试时间为凌晨 6：00～7：30，该时段内公交车等机动车辆的通过频率很高，且较大程度避免了现场施工队伍对测试结果的干扰。

图 5-1-1　综合交通枢纽站房交通关系平面图

5.1.2　试验内容

以站南路为例,从站南路与站房一层后车大厅布置振动测点,测试从道路→站房的振动衰减程度。评价机动车作用下的站房振动是否满足限值要求。

5.1.3　试验目的

沙坪坝综合交通枢纽由于其振源的多样性,需对每种振源作用下的振动进行单独讨论,以提出最为有效的减振降噪方案。在本次试验的时段内,高铁尚未运营且施工队伍尚未开工,因此能够获得仅在机动车辆作用下的站房振动响应,试验结果是综合交通枢纽振动控制研究中不可或缺的部分。

5.2　测试方案

5.2.1　试验设备

本次振动测试仪器主要有 891 型振动传感器、INV3060S 型 24 位网络式智能采集仪,具体参数与场地土体振动试验中一致,此处不再赘述。

5.2.2　测点布置

测点布置如图 5-2-1 所示,在站南路的路中与靠近站房侧的路边设置振动测点(V1、V2),获取机动车作用下的地面振动。考虑到测试导线长度的影响,仅在一层后侧大厅跨终端面处以等间距布置 4 个振动测点。每个测点布置三个 891-Ⅱ型拾振器,1 个垂向、2 个水平方向,分别为 X、Y、Z 三个方向,其中 X 方向的传感器沿轨道方向布置,Z 向传感器垂直于地面布置。891-Ⅱ型拾振器通过 704

硅橡胶粘在测点处。

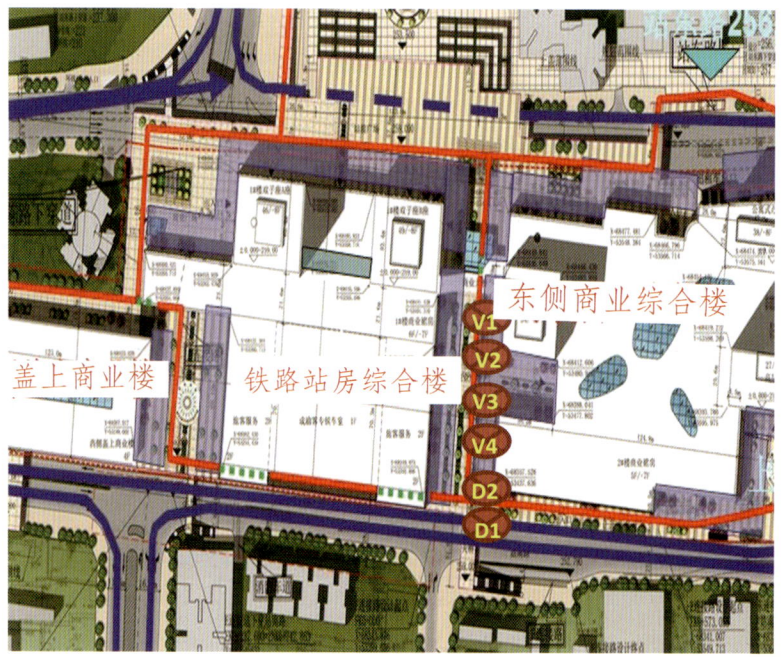

图 5-2-1　站南路与一层候车厅测点布置图

5.2.3　数据处理

针对机动车辆引起的站房振动，我国采用的是 Z 向振级 VL_z，即采用 Z 计权的振动加速度级。因此，对南路与站房的振动实测数据分析采用 Z 振级作为评价量，分析频段为 1～80 Hz。

5.3　测试结果

图 5-3-1 所示为南路与站房在机动车作用下的分频振动加速度级，图 5-3-2 所示为机动车作用下道路与站房的总振级、站房本底

振动的总振级。

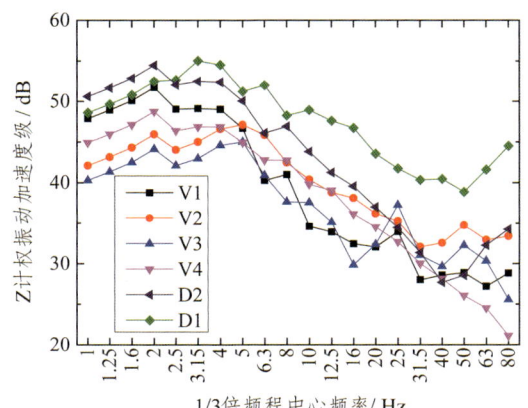

图 5-3-1　机动车作用下道路与站房的 Z 计权振动加速度级

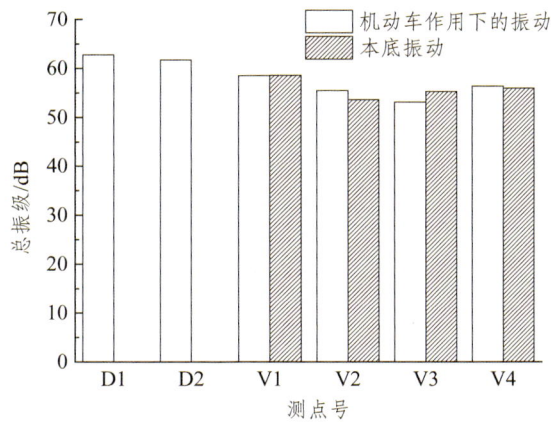

图 5-3-2　机动车作用下道路与站房的总振级

分析可得出以下结论：

（1）在机动车作用下，D1、D2 与 V1~V4 的最大 Z 振级分别为 55.0 dB、54.5 dB、51.7 dB、45.9 dB、44.1 dB 与 48.8 dB。对比第 3 和第 4 章中高铁作用下的站台与站房振动，可见机动车引起的振动远小于高铁引起的振动。

（2）D1 测点位于路中，受机动车影响更为明显，在机动车作用下，其高频振动（50~80 Hz）会有较为明显的增大，D2 测点距激励点稍远，机动车引起的高频振动有所衰减，但依旧有增大的趋势。

（3）在机动车作用下，D1、D2 测点的总振级分别为 62.8 dB、61.7 dB。V1~V4 各测点的总振级分别为 58.65 dB、55.5 dB、53.1 dB 与 56.4 dB。可见，机动车通过时引起的总振级，远小于本研究拟定的振动限值。

（4）对比本底振动与机动车作用下的站房振动，可见，机动车引起的道路振动无法有效地传递到站房内。因此，站房的振动响应几乎不受周围过路车辆的影响。

5.4　本章小结

本章采用现场试验的方式，对机动车引起的道路、站房振动进行了实测。通过对比环评振动限值与高铁作用下的站房振动，可以得到以下结论：

（1）机动车作用下，道路的中高频振动会有较为明显的增大，D1、D2 测点的总振级分别为 62.8 dB、61.7 dB。

（2）对比站房的本底振动与高铁作用下的振动可知，站房周围机动车引起的振动无法有效地传递到候车大厅内，且在机动车单独作用下，站房的振动远小于本研究拟定的振动限值，因此无须进一步对机动车引起的站房振动进行数值模拟分析。

（3）在机动车作用下，站房的振动较小，较夜间振动限值低约 13 dB，满足减振 10 dB 标准。

第 6 章

高铁作用下站房与站台的振动响应预测与评价

本章借助第 4 章建立的有限元模型，预测列车通过站房时引起的振动响应。根据第 2 章选取的振动限值，设置多种工况，对站房与站台在高速列车作用下的振动响应做出预测，并进行评价。

6.1 加载工况

6.1.1 工况设置

该车站有 5 条到发线和 2 条正线，本书主要研究三种情况：① 正线（轨道 4 和轨道 5）两条轨道同时有列车通过，考虑速度变化的影响，设置 120 km/h、140 km/h、180 km/h、220 km/h、260 km/h 五种工况；② 同时有两条到发线通过列车，设置轨道 1、2，轨道 2、3，轨道 3、6，轨道 6、7 四种工况组合，列车速度均为 70 km/h；③ 两条正线通过列车与两条到发线通过列车组合，其中正线列车通过速度 260 km/h，到发线列车通过速度 70 km/h，设置正线+轨道 1、2，正线+轨道 2、3，正线+轨道 3、6，正线+轨道 6、7 四种工况。共设置了 13 种工况，具体工况见表 6-1-1。

表 6-1-1　加载工况

情况 1	工况 1	列车以 120 km/h 通过轨道 4、5
	工况 2	列车以 140 km/h 通过轨道 4、5
	工况 3	列车以 180 km/h 通过轨道 4、5
	工况 4	列车以 220 km/h 通过轨道 4、5
	工况 5	列车以 260 km/h 通过轨道 4、5
情况 2	工况 6	列车以 70 km/h 通过轨道 1、2
	工况 7	列车以 70 km/h 通过轨道 2、3
	工况 8	列车以 70 km/h 通过轨道 3、6
	工况 9	列车以 70 km/h 通过轨道 6、7
情况 3	工况 10	列车以 260 km/h 通过轨道 4、5，列车以 70 km/h 通过轨道 1、2
	工况 11	列车以 260 km/h 通过轨道 4、5，列车以 70 km/h 通过轨道 2、3
	工况 12	列车以 260 km/h 通过轨道 4、5，列车以 70 km/h 通过轨道 3、6
	工况 13	列车以 260 km/h 通过轨道 4、5，列车以 70 km/h 通过轨道 6、7

6.1.2　激励荷载

基于车-线-桥耦合振动理论，编制 MATLAB 程序计算不同车速下的轮轨力，计算中采用 ISO 轨道不平顺谱。列车类型为 CRH_{380A}，车辆动力学参数选取：1/8 车体质量 5037 kg，1/4 转向架质量 601.875 kg，单个车轮质量 800 kg，一系悬挂刚度 5×10^5 N/m，一系悬挂阻尼 2.25×10^3 N·s/m，二系悬挂刚度 1.13×10^5 N/m，二系悬挂阻尼 5.02×10^3 N·s/m。将以上参数输入 MATLAB 程序计算得出列车不同速度下的轮轨力大小和相位如图 6-1-1 和图 6-1-2 所示。

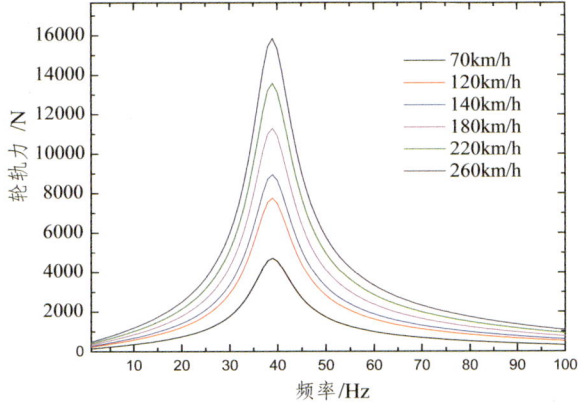

图 6-1-1　轮轨作用力大小

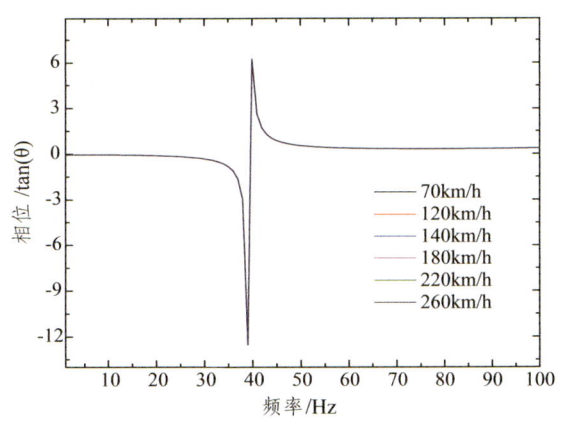

图 6-1-2　轮轨动态作用力相位

从图 6-1-1 可以看出，轮轨动态作用力峰值出现在 40 Hz 左右，图 6-1-2 反映出轮轨作用力的相位与列车速度变化无关。

根据轨道-土体有限元模型的计算结果，提取站房结构柱底的振动幅值响应结果作为激励荷载施加到站房结构有限元模型，计算求解站房结构的振动响应。站房结构共 80 根柱，故每一工况需要提取 80 组振动幅值响应结果，图 6-1-3 所示为列车以 260 km/h 通过轨道 4、5 时，2 组站房结构柱底的振动幅值响应曲线。

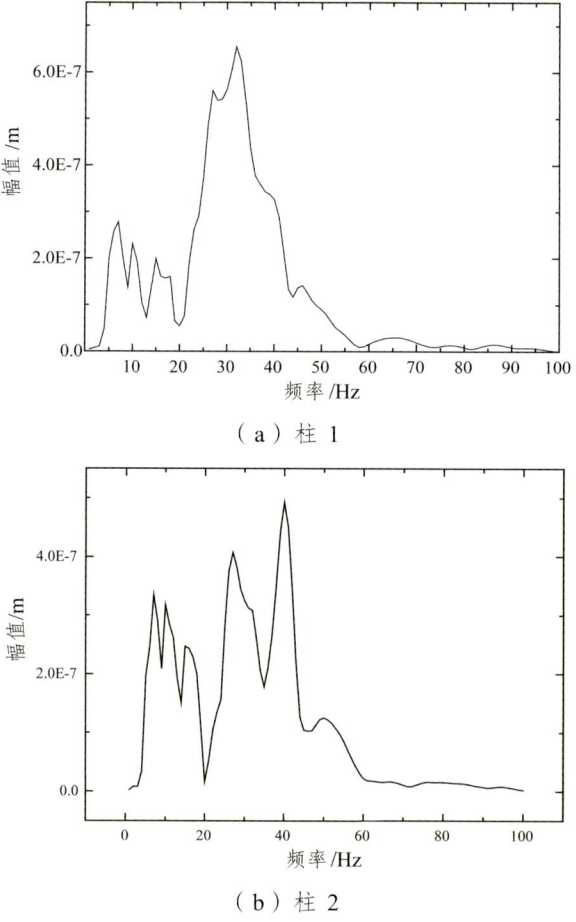

（a）柱1

（b）柱2

图 6-1-3　站房柱底振动幅值响应曲线

6.2　站台振动响应结果分析及评价

6.2.1　加载情况 1

加载情况 1：列车同时通过轨道 4、5，仅运行速度发生变化。图 6-2-1 所示为不同速度下，站台 Z 振级大小（采用新 Z 计权衰减曲线），观测点为站台1、站台2、站台3的中心点，其与轨道的距离关系如图4-1-1所示。从图中可以看出，站台振动优势频率为20~63 Hz。在1~5 Hz频率范围内，站台1的Z振级最小，站台2与站台3的Z振级大小接近，站台3的Z振级略大；在5~50 Hz频率范围内，站台1、站台2和站台3的Z振级曲线基本一致；在50~80 Hz范围内，站台3的Z振级最大，站台1和站台2的Z振级大小接近。列车以120 km/h通过轨道4、5（工况1）时，站台1、站台2、站台3的最大Z振级分别为67.7 dB、69.6 dB、71.3 dB；列车以140 km/h通过轨道4、5（工况2）时，站台1、站台2、站台3的最大Z振级分别为68.9 dB、70.8 dB、72.5 dB；列车以180 km/h通过轨道4、5（工况3）时，站台1、站台2、站台3的最大Z振级分别为70.9 dB、72.9 dB、74.5 dB；列车以220 km/h通过轨道4、5（工况4）时，站台1、站台2、站台3的最大Z振级分别为72.5 dB、74.5 dB、76.1 dB；列车以260 km/h通过轨道4、5（工况5）时，站台1、站台2、站台3的最大Z振级分别为73.9 dB、75.8 dB、77.4 dB。振动加速度级峰值均出现在40 Hz左右，这一现象可由施加的列车激励源波形图得到解释，列车激励源的峰值出现在40 Hz左右。

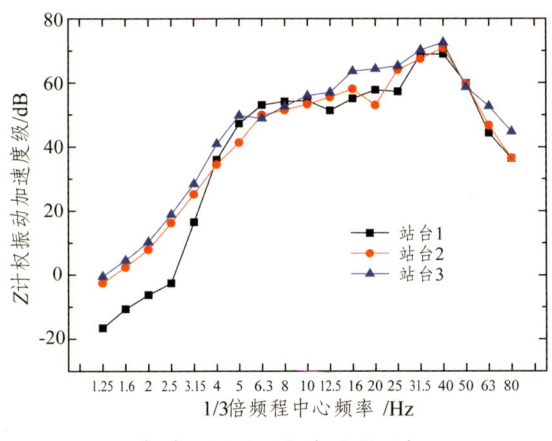

（a）120 km/h（工况1）

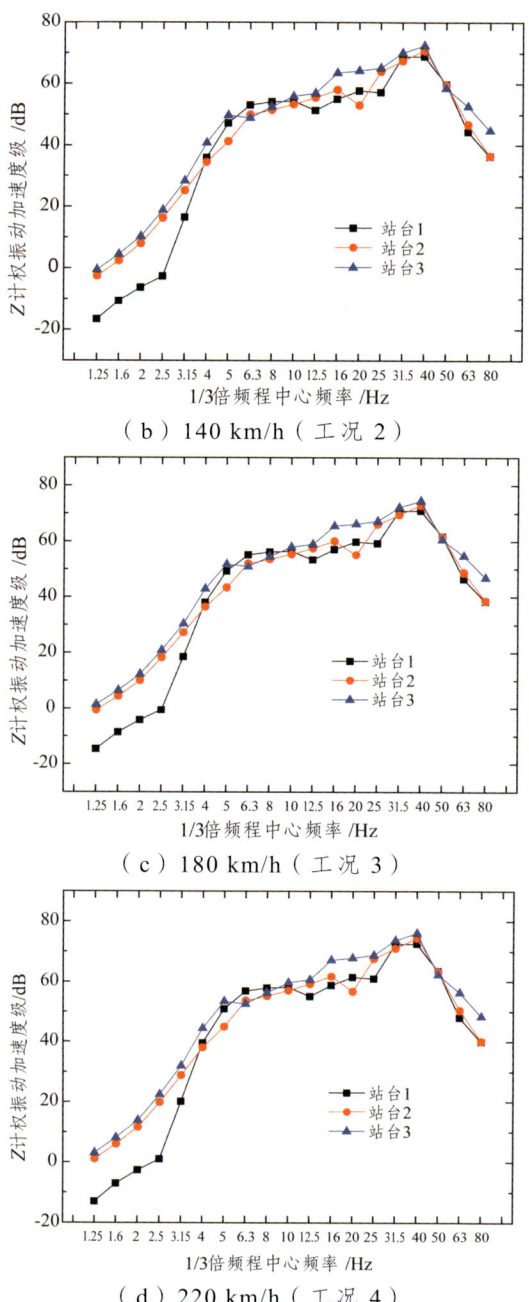

（b）140 km/h（工况 2）

（c）180 km/h（工况 3）

（d）220 km/h（工况 4）

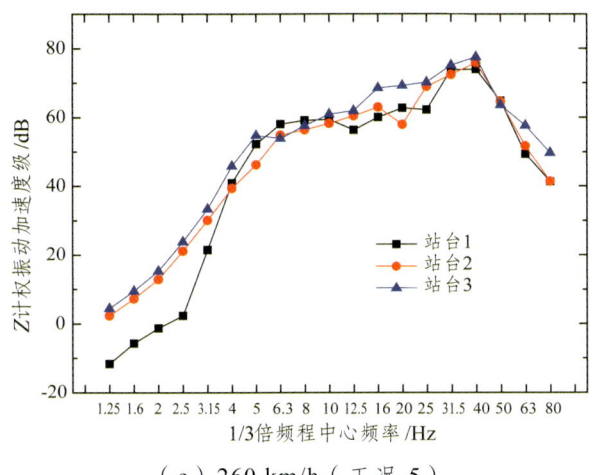

(e）260 km/h（工况 5）

图 6-2-1　列车以不同速度通过轨道 4、5 时站台 Z 计权振动级

表 6-2-1 给出了不工况下各站台的总振级大小。

表 6-2-1　各工况下站台总振级　　　　　单位：dB

位置	工况 1	工况 2	工况 3	工况 4	工况 5
站台 1	71.5	72.7	74.8	76.4	77.7
站台 2	72.4	73.6	75.6	77.2	78.6
站台 3	74.7	75.9	77.9	79.5	80.9

随着速度的增加站台振动响应逐渐增大，且增加趋势逐渐变缓。站台 3 的振动比站台 2 大 1.9 dB 左右，站台 2 的振动响应比站台 1 大 1 dB 左右。根据第 2 章采用的站台振动限值 80 dB，列车以低于 260 km/h 通过轨道 4、5 时，各站台的振动响应均小于 80 dB，满足规范要求。当列车以速度 260 km/h 通过轨道 4、5 时，站台 3 的总振级为 80.9 dB，超过了限值要求。

6.2.2 加载情况 2

加载情况 2：列车以 70 km/h 同时通过两条到发线，考虑不同的线路组合。图 6-2-2 所示为列车通过不同轨道时，站台的 Z 振级响应频谱图。列车以 70 km/h 通过轨道 1、2（工况 6）时，站台 1、站台 2、站台 3 的最大 Z 振级分别为 63.6 dB、61.6 dB、55.9 dB，站台 3 的 Z 振级明显小于站台 1 与站台 2；列车以 70 km/h 通过轨道 2、3（工况 7）时，站台 1、站台 2、站台 3 的最大 Z 振级分别为 69.1 dB、72.2 dB、59.7 dB；列车以 70 km/h 通过轨道 3、6（工况 8）时，站台 1、站台 2、站台 3 的最大 Z 振级分别为 61.4 dB、67.5 dB、68.6 dB，站台 2 与站台 3 的振级曲线基本一致；列车以 70 km/h 通过轨道 6、7（工况 9）时，站台 1、站台 2、站台 3 的最大 Z 振级分别为 54.8 dB、61.5 dB、75.7 dB，在 1~10 Hz 范围内，站台 3 的 Z 振级最大，站台 1 次之，站台 2 最小，在 10~80 Hz 频率范围内，站台 1 与站台 2 的 Z 振级大小接近，站台 3 的 Z 振级最大。各工况下，站台的最大 Z 计权振级均集中在 40 Hz 左右，站台振动的优势频率范围为 20~63 Hz。

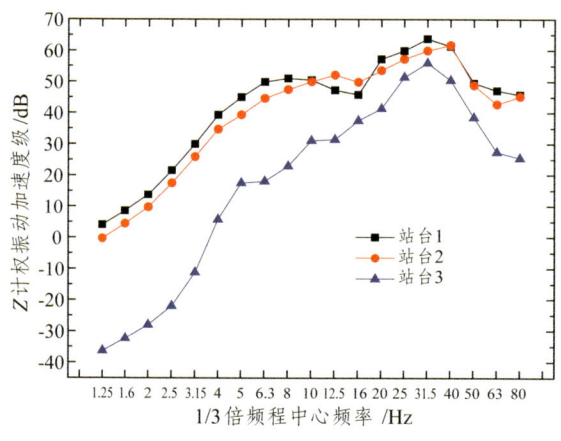

(a) 通过轨道 1、2（工况 6）

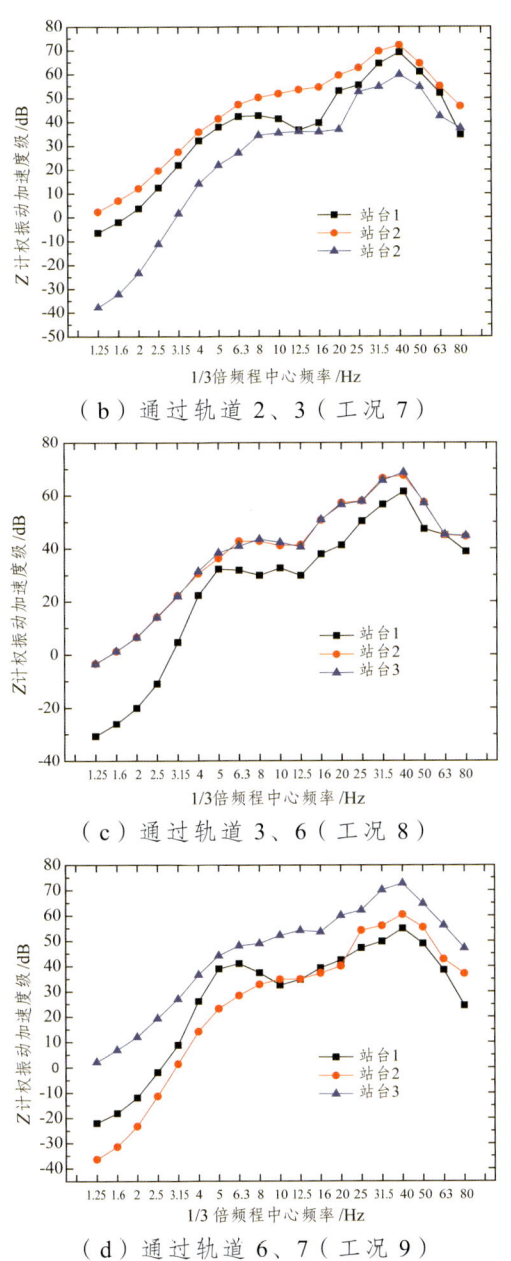

(b) 通过轨道 2、3（工况 7）

(c) 通过轨道 3、6（工况 8）

(d) 通过轨道 6、7（工况 9）

图 6-2-2 列车以 70 km/h 同时通过两条到发线时站台 Z 计权振级

表 6-2-2 给出了各工况下站台的总振级大小。

表 6-2-2　各工况下站台总振级　　　　　单位：dB

位置	工况 6	工况 7	工况 8	工况 9
站台 1	67.6	71.1	63.2	57.8
站台 2	65.7	75.2	70.8	63.2
站台 3	58.2	62.5	71.1	77.9

从表可以看出，列车同时通过线路 6、7 时，引起的站台振动响应最大，最大振动出现在站台 3；列车同时通过线路 1、2 时引起的站台振动最小。车站设计时，应考虑轨道 6、7 同时通过列车时，站台 3 的振动情况。不同线路组合下的站台振动响应均小于 80 dB，满足限值要求。

6.2.3　加载情况 3

加载情况 3：列车以 260 km/h 通过正线轨道 4、5，组合列车以 70 km/h 通过两条到发线。图 6-3-3 所示为列车以 260 km/h 通过正线并以 70 km/h 通过两条到发线时，站台的 Z 计权振级响应频谱图。当列车以 260 km/h 通过轨道 4、5 并同时以 70 km/h 通过轨道 1、2（工况 10）时，站台 1、站台 2、站台 3 的最大 Z 振级分别为 74.9 dB、77.8 dB、77.3 dB，在 1～6 Hz 频率范围内，站台 1、站台 2、站台 3 的 Z 振级响应曲线基本一致；当列车以 260 km/h 通过轨道 4、5 并同时以 70 km/h 通过轨道 2、3（工况 11）时，站台 1、站台 2、站台 3 的最大 Z 振级分别为 71.8 dB、76.8 dB、75.7 dB，在 1～4 Hz 频率范围内，站台 1 的 Z 振级最小，在 4～50 Hz 频率范围内，站台 1、站台 2、站台 3 的 Z 振级曲线较一致；当列车以 260 km/h 通过轨道 4、5 并同时以 70 km/h 通过轨道 3、6（工况 12）时，站台 1、站台 2、站台 3 的最大 Z 计权振级分别为 69.2 dB、75.5 dB、75.9 dB，在 1~4 Hz 频率范围内，站台 1 的 Z 振级最小，在 4~50 Hz 频率范围内，站台 1、站台 2、站台 3 的 Z 振级曲线基本一致；当列车以 260 km/h 通过轨道 4、5 并同时以 70 km/h 通过轨道 6、7（工况 13）时，站台 1、站台 2、站台 3 的最大 Z 计权振级分别为 71.3 dB、75.8 dB、77.0 dB，在 1~4 Hz 频率范围内，站台 3 的 Z 振级最大，站台 2 次之，站台 1 最小，在 4~50 Hz 频率范围内，站台 1 站台 2、站台 3 的 Z 振级曲线较一致。各工况下，站台的最大 Z 计权振级均集中在 40 Hz 左右，站台振动的优势频率范围为 20~63 Hz。

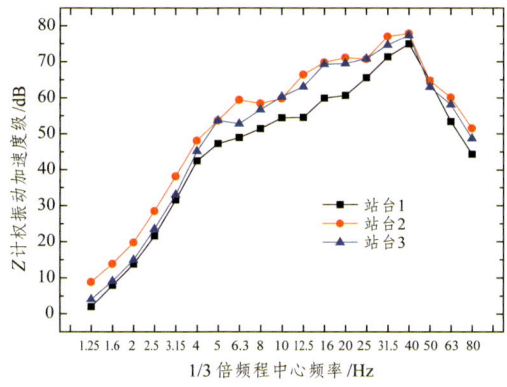

（a）轨道 4、5+轨道 1、2（工况 10）

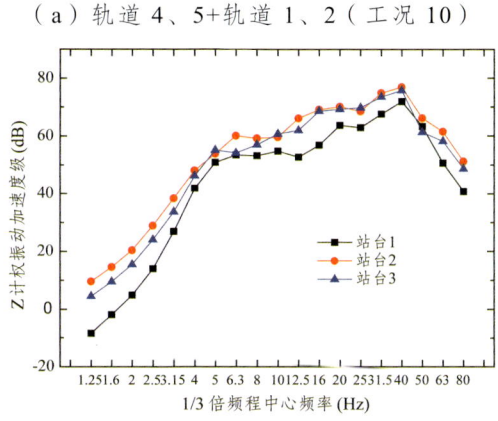

（b）轨道 4、5+轨道 2、3（工况 11）

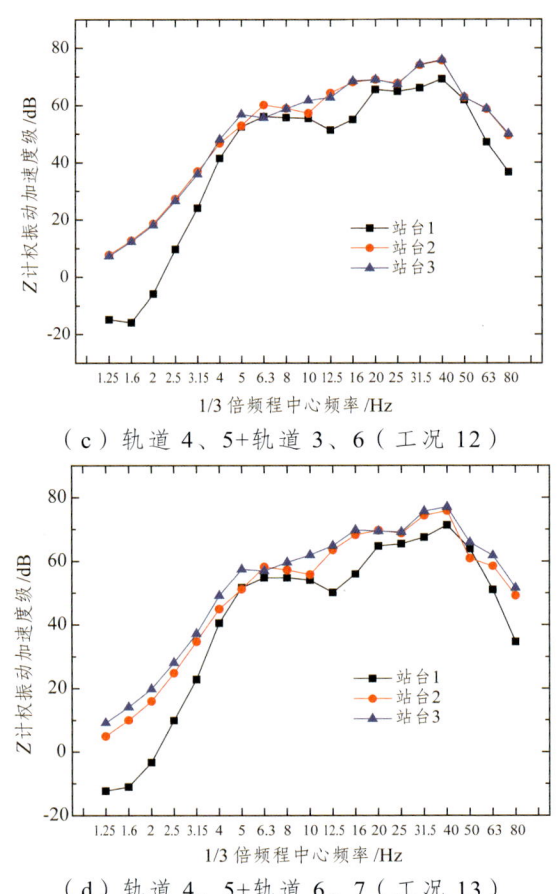

(c) 轨道 4、5+轨道 3、6（工况 12）

(d) 轨道 4、5+轨道 6、7（工况 13）

图 6-2-3　列车以 260 km/h 通过轨道 4、5+70 km/h 通过两条到发线时站台 Z 计权振级

表 6-2-3 给出了各工况下站台振动的总振级大小。

表 6-2-3　各工况下站台总振级　　　单位：dB

位置	工况 10	工况 11	工况 12	工况 13
站台 1	77.4	74.6	73.5	74.8
站台 2	81.9	80.7	79.4	79.7
站台 3	80.8	79.5	79.7	81.0

对比列车以 260 km/h 通过轨道 4、5 的情况，列车同时通过正线+两条到发线时，其最大振动响应变化并不大。在正线列车过站时，到发线列车对站台振动影响可以忽略不计，仅考虑正线列车引起的站台振动。在工况 11、工况 12 的组合下，站台振动响应甚至略有减小。

6.3 站房振动响应结果分析及评价

6.3.1 加载情况 1

加载情况 1：列车同时通过轨道 4、5，仅运行速度发生变化。图 6-3-1 所示为不同速度下，站房结构 Z 振级大小（采用新 Z 计权衰减曲线），观测点为一楼候车大厅、一楼办公室、二楼休息区的中心点。从图中可以看出，站房结构振动优势频率为 10~63 Hz。在 1~4 Hz 频率范围内，一楼办公室的 Z 振级最小，一楼候车大厅与二楼休息区的 Z 振级大小接近；在 5~80 Hz 频率范围内，一楼候车大厅的 Z 振级最小，一楼办公室与二楼休息区的 Z 振级接近，一楼候办公室略大。列车以 120 km/h 通过轨道 4、5（工况 1）时，一楼候车大厅、一楼办公室、二楼休息区的最大 Z 振级分别为 68.3 dB、75.9 dB、73.4 dB；列车以 140 km/h 通过轨道 4、5（工况 2）时，一楼候车大厅、一楼办公室、二楼休息区的最大 Z 振级分别为 69.6 dB、77.2 dB、74.7 dB；列车以 180 km/h 通过轨道 4、5（工况 3）时，一楼候车大厅、一楼办公室、二楼休息区的最大 Z 振级分别为 71.6 dB、79.2 dB、76.7 dB；列车以 220 km/h 通过轨道 4、5（工况 4）时，一楼候车大厅、一楼办公室、二楼休息区的最大 Z 振级分别为 73.2 dB、80.8 dB、78.2 dB；列车以 260 km/h 通过轨道 4、5（工况 5）时，一楼候车大厅、一楼办公室、二楼休息区的最大 Z 振级分别为 74.5 dB、82.1 dB、79.6 dB。

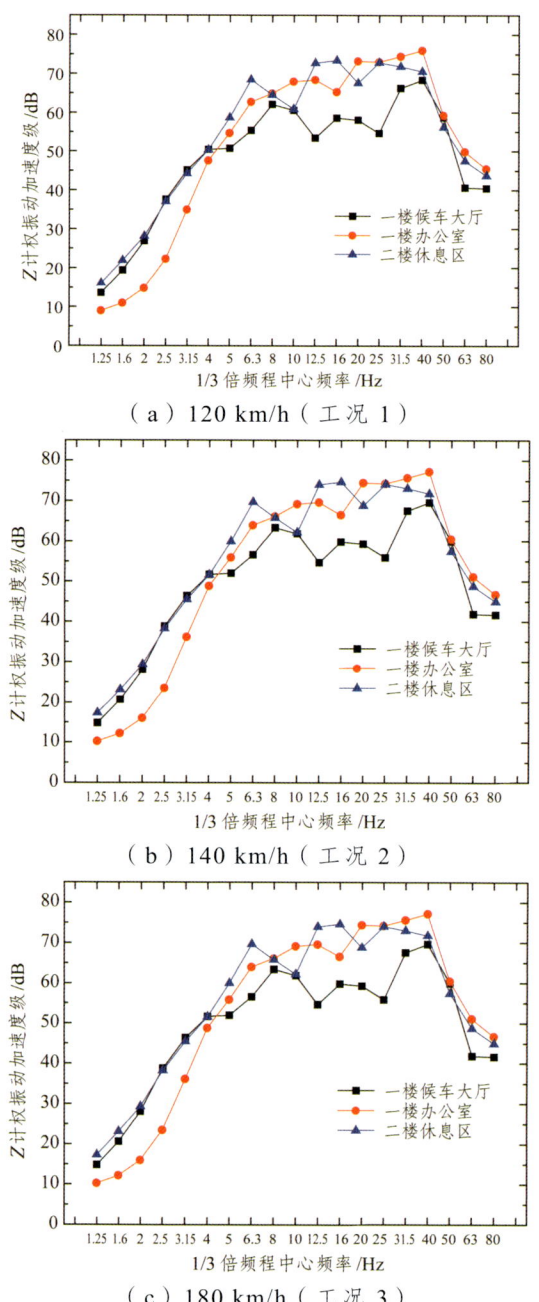

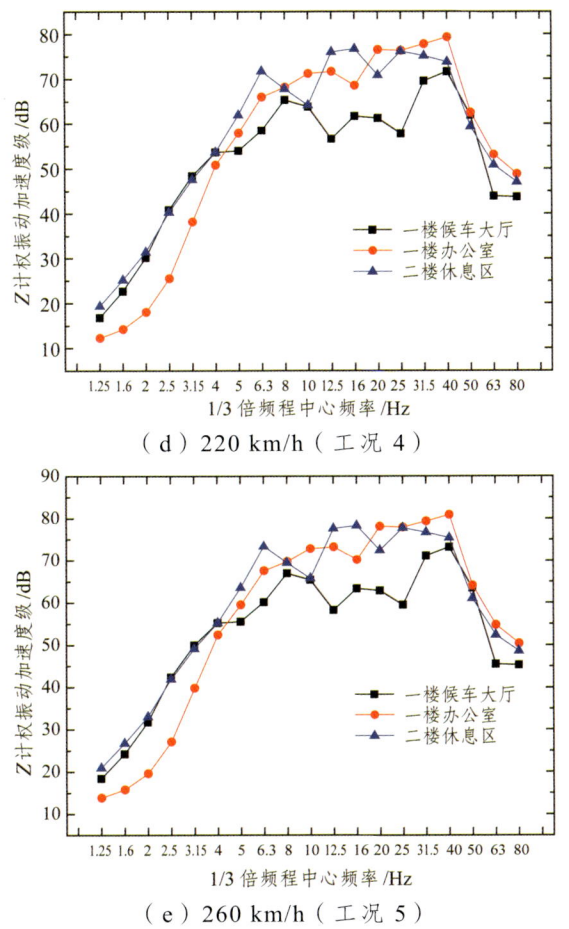

(d) 220 km/h（工况 4）

(e) 260 km/h（工况 5）

图 6-3-1　列车以不同速度同时通过轨道 4、5 时站房的 Z 计权振级

表 6-3-1 给出了各工况下站房结构的总振级大小。

表 6-3-1　各工况下站房振动总振级　　　　单位：dB

位置	工况 1	工况 2	工况 3	工况 4	工况 5
一楼候车大厅	69.8	71.1	73.1	74.7	76.0
一楼办公室	78.7	79.9	81.9	83.5	84.9
二楼休息区	77.7	78.9	81.0	82.6	83.9

从表中可以看出，二楼休息区的振动比一楼候车大厅大 7.9 dB

左右，一楼办公室的振动比二楼休息区大 1 dB 左右，在站房设计时，应考虑办公室的振动问题。根据第 2 章采用的站房振动限值 80 dB，当列车以低于 220 km/h 通过轨道 4、5 时，站房振动满足限值要求，当列车以 220 km/h 通过轨道 4、5 时，一楼办公室的总振级 81.9 dB 和二楼休息区的总振级 81 dB 均超过限值要求。

6.3.2 加载情况 2

加载情况 2：列车以 70 km/h 同时通过两条到发线，考虑不同的线路组合。图 6-3-2 所示为列车通过不同轨道时，站房结构的 Z 振级响应频谱图。列车以 70 km/h 通过轨道 1、2（工况 6）时，一楼候车大厅、一楼办公室、二楼休息区的最大 Z 振级分别为 72.0 dB、74.5 dB、71.5 dB；列车以 70 km/h 通过轨道 2、3（工况 7）时，一楼候车大厅、一楼办公室、二楼休息区的最大 Z 振级分别为 75.0 dB、74.8 dB、72.6 dB；列车以 70 km/h 通过轨道 3、6（工况 8）时，一楼候车大厅、一楼办公室、二楼休息区的最大 Z 振级分别为 68.0 dB、73.1 dB、69.9 dB；列车以 70 km/h 通过轨道 6、7（工况 9）时，一楼候车大厅、一楼办公室、二楼休息区的最大 Z 振级分别为 67.6 dB、71.1 dB、70.2 dB。各工况下，站房结构的最大 Z 计权振级均集中在 40 Hz 左右，站房结构振动的优势频率范围为 10～63 Hz。

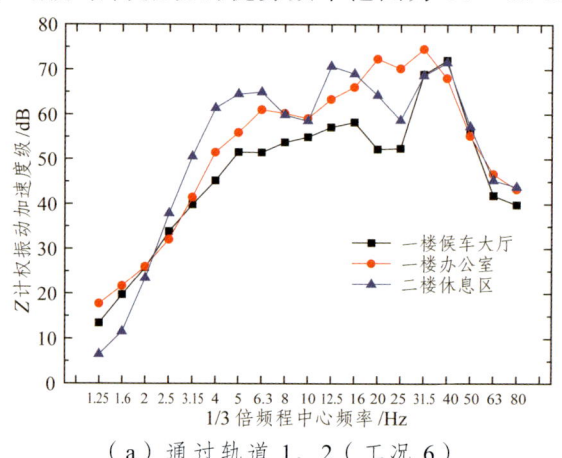

（a）通过轨道 1、2（工况 6）

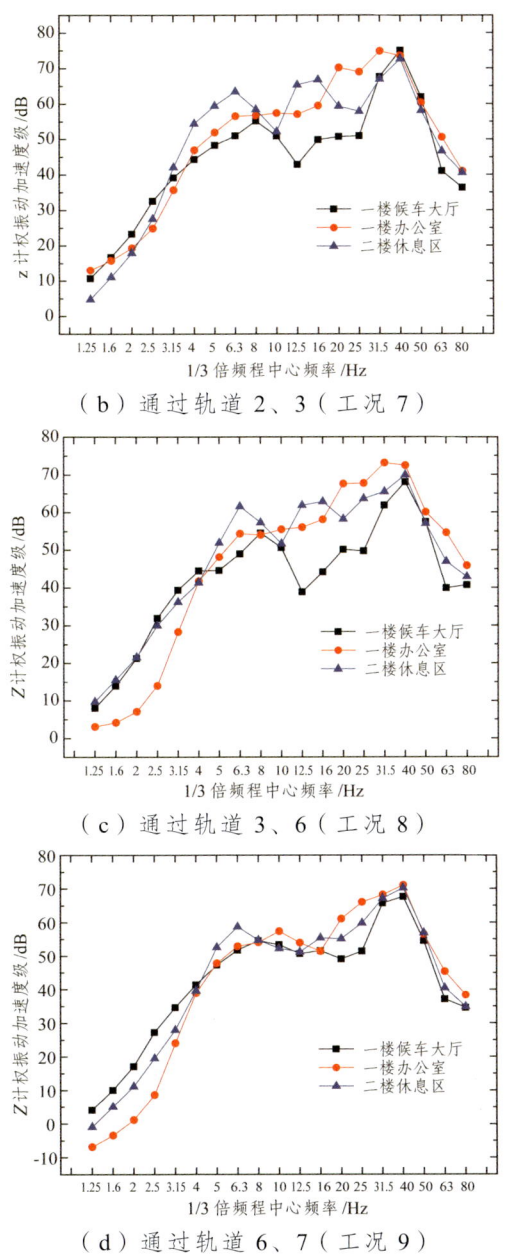

（b）通过轨道 2、3（工况 7）

（c）通过轨道 3、6（工况 8）

（d）通过轨道 6、7（工况 9）

图 6-3-2　列车以 70 km/h 同时通过两条到发线时站房 Z 计权振级

表 6-3-2 给出了各工况下站房结构的总振级大小。

表 6-3-2　各工况下站房振动总振级　　　单位：dB

位置	工况 6	工况 7	工况 8	工况 9
一楼候车大厅	74.3	76.0	69.7	70.4
一楼办公室	78.7	78.8	77.3	74.3
二楼休息区	77.4	75.8	73.6	72.9

从表中可以看出，列车同时通过线路 2、3 时，引起的站房振动响应最大，最大振动出现在一楼办公室；列车同时通过线路 6、7 时引起的站房振动最小。车站设计时，应考虑轨道 2、3 同时通过列车时，一楼办公室的振动情况。不同线路组合下的站房振动响应均满足限值要求。

6.3.3　加载情况 3

加载情况 3：列车以 260 km/h 通过正线轨道 4、5，组合列车以 70 km/h 通过两条到发线。图 6-3-1 所示为列车以 260 km/h 通过正线并以 70 km/h 通过两条到发线时，站房结构的 Z 计权振级响应频谱图。当列车以 260 km/h 通过轨道 4、5 并同时以 70 km/h 通过轨道 1、2（工况 10）时，一楼候车大厅、一楼办公室、二楼休息区的最大 Z 振级分别为 73.5dB、83.7 dB、80.5 dB；当列车以 260 km/h 通过轨道 4、5 并同时以 70 km/h 通过轨道 2、3（工况 11）时，一楼候车大厅、一楼办公室、二楼休息区的最大 Z 振级分别为 74.2 dB、84.8 dB、80.6 dB；当列车以 260 km/h 通过轨道 4、5 并同时以 70 km/h 通过轨道 3、6（工况 12）时，一楼候车大厅、一楼办公室、二楼休息区的最大 Z 计权振级分别为 73.9 dB、84.4 dB、79.5 dB；当列车以 260 km/h 通过轨道 4、5 并同时以 70 km/h 通过轨道 6、7（工况 13）时，一楼候车大厅、一楼办公室、二楼休息区的最大 Z 计权振级分别为 75.4 dB、82.5 dB、79.2 dB。各工况下，站房结构的最大 Z 振级均集中在 40 Hz 左右，站房结构振动的优势频率范围为 10～63 Hz。

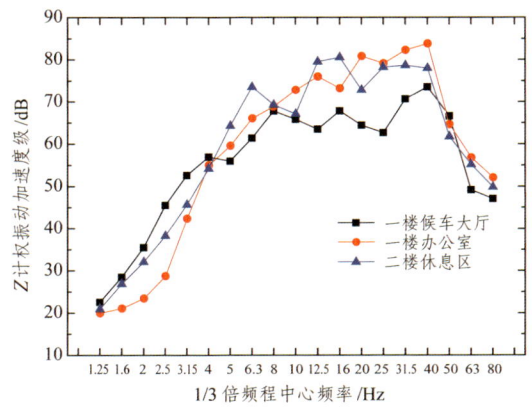

（a）轨道 4、5+轨道 1、2（工况 10）

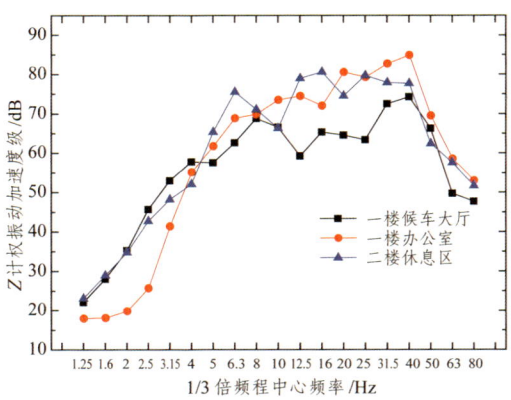

（b）轨道 4、5+轨道 2、3（工况 11）

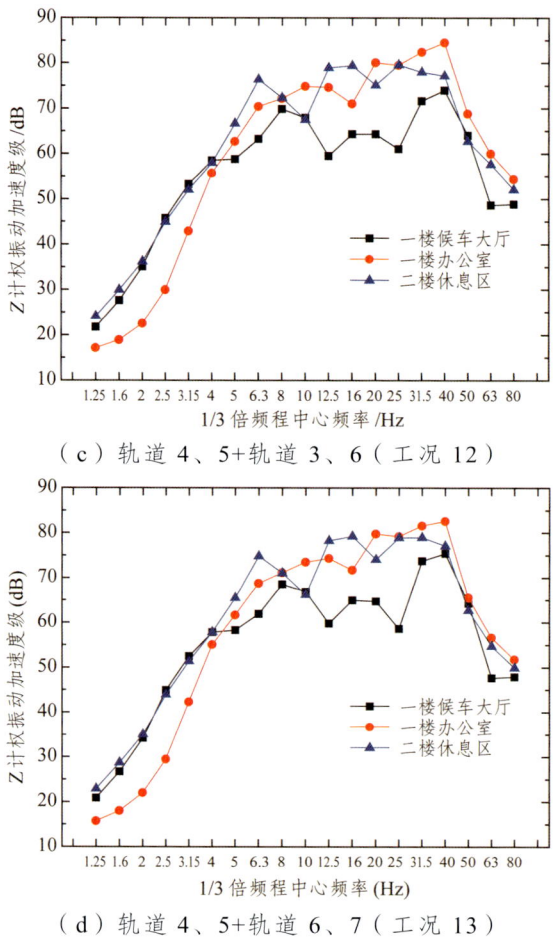

(c)轨道 4、5+轨道 3、6(工况 12)

(d)轨道 4、5+轨道 6、7(工况 13)

图 6-3-3 列车以 260 km/h 通过轨道 4、5+70 km/h 通过
两条到发线时站房 Z 计权振动级

表 6-3-3 给出了各工况下站房结构的总振级大小。

表 6-3-3 各工况下站房振动总振级 单位:dB

位置	工况 10	工况 11	工况 12	工况 13
一楼候车大厅	78.1	78.7	78.4	79.3
一楼办公室	88.5	88.9	88.7	87.7
二楼休息区	86.7	86.9	86.8	86.4

对比列车以 260 km/h 通过轨道 4、5 的情况，列车同时通过正线+两条到发线时，其振动响应变化并不大。在正线列车过站时，到发线列车对振动影响可以忽略不计，可以仅考虑正线列车引起的站房振动。

6.4 站台振动与站房结构振动对比分析

图 6-4-1 所示为列车以不同速度通过轨道 4、5 时，站台与站房振动响应对比。从图中可以看出，列车以不同速度通过轨道 4、5 时，一楼办公室振动最大，二楼休息区次之，站台 1、站台 2、站台 3 的振动比一楼办公室和二楼休息区的振动小，比一楼候车大厅的振动大。总体而言，当列车通过正线轨道 4、5 时，站房的振动响应大于站台的振动响应。

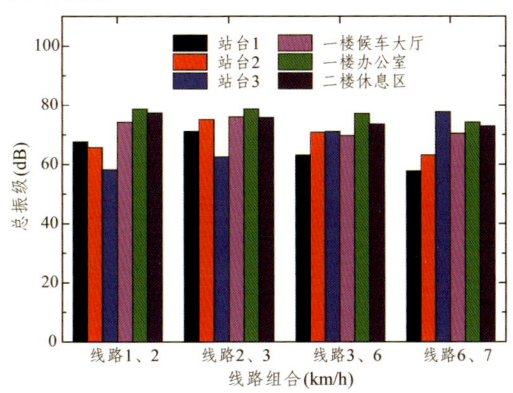

图 6-4-1　不同速度下站房站台振动对比

图 6-4-2 所示为列车通过两条到发线时，站台与站房振动响应的对比。列车同时通过轨道 6、7 时，最大振动出现在站台 3，其余线路组合之下，最大振动均出现在站房的一楼办公室。从图 6-4-2 中可以看出，列车通过不同线路时，站台振动与站房振动相差并不大，站房振动响应略大于站台，站房设计时应特别注意一楼办公室的振动问题。

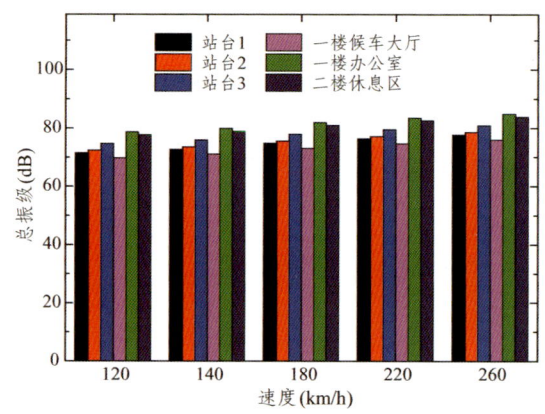

图 6-4-2 不同线路组合下站台站房振动对比

6.5 本章小结

本章通过第 4 章建立的模型,设置加载工况,计算得到了站台和站房的振动响应。根据计算结果,对站台和站房的振动响应进行了分析和评价,得到以下主要结论:

(1)各工况下,站台 1、站台 2、站台 3 的振动优势频率范围为 20~63 Hz,各站的振动峰值均集中在 40 Hz 左右,这与轮轨力的频谱曲线一致。土体模型北边隔振墙对振动响应有一定影响,与轨道相同距离的情况下,靠近北边的振动响应较小。一楼候车大厅、一楼办公室和二楼休息区的振动优势频域范围为 10~63 Hz,各观测点的振动峰值均集中在 40 Hz 左右。各工况下,一楼办公室的振动响应最大,二楼休息区次之,一楼候车大厅的振动响应最小。站房设计时,应重点关注一楼办公室的振动问题。

(2)列车同时通过两条正线的情况:列车以低于 260 km/h 通过轨道 4、5 时,各站台的振动响应均小于 80 dB,满足限值要求。当列车以速度 260 km/h 通过轨道 4、5 时,站台 3 的总振级为 80.9 dB,超过了限值要求。当列车以低于 220 km/h 通过轨道 4、5 时,站房振动满足限值要求，当列车以 220 km/h 通过轨道 4、5 时，一楼办公室的总振级 81.9 dB 和二楼休息区的总振级 81 dB 均超过限值要求。

（3）列车同时通过两条到发线的情况：列车同时通过线路 6、7 时，引起的站台振动响应最大，最大振动出现在站台 3，引起的站房振动最小；列车同时通过线路 1、2 时引起的站台振动最小；列车同时通过线路 2、3 时，引起的站房振动响应最大。应关注列车同时通过线路 2、3 时站房的振动响应。在正线列车过站时，到发线列车对站台和站房振动影响很小，站台和站房振动响应略有增加，可以只考虑正线列车引起的站台和站房振动。不同线路组合下的站台和站房振动响应均小于 80 dB，满足限值要求。

（4）列车过站时，站房振动响应大于站台，在 1.25~12.5 Hz 频率范围内，站房的振动响应明显大于站台。

第 7 章

站房结构减隔振技术

高速铁路具有运量大、速度快等优点，已成为现代交通的重要组成；但列车高速运行产生的环境振动问题也日益凸显。高铁引起的地面振动通过周围地层向外传播，诱发附近地下结构、邻近建筑物的二次振动和噪声。一般情况下，需要从环保层次要求考虑高铁引起的环境振动和噪声的影响。但是，对于复杂的高铁综合枢纽，其引发的振动与噪声问题将明显增多，可能降低附近结构物的耐久性。

建造在高铁附近的大跨站房结构受到高铁振动、风振以及地震作用，其安全性、适用性和耐久性均受到严峻挑战，高铁-风-地震的独立及其联合作用下大跨站房结构的振动响应特征及其三维减隔振性能亟须进一步深入研究。

7.1 站房结构振动响应机理研究进展

7.1.1 研究现状

1. 高铁环境振动产生机理

高铁系统主要由列车、轨道支承结构及其基础组成。高铁系统的振动源主要来源于以下几方面：① 列车运行时的摇头、点头和蛇行所产生的振动；② 列车运行时列车对轨道产生的冲击作用，以及车轮在钢轨上移动时产生的周期荷载；③ 车轮安装偏心产生的连续不平顺，钢轨的不平顺、钢轨及车轮踏面不均匀磨耗引起的脉冲不平顺。因此，影响高铁振源特性的重要因素包括列车的编组、动力特性、行驶速度及其基础的结构形式等。

2. 列车振动荷载确定方法

目前，列车振动荷载的确定方法主要有以下三类：模型分析法、试验分析法和经验分析法。

（1）模型分析法。

模型分析法即建立车辆-轨道振动系统动力模型，利用解析法或有限元数值方法求解列车动荷载。Auersch 建立了平面应变车辆-轨道的动力模型，该模型将轨道结构和道床简化成欧拉梁，地面利用 2.5 维四边形单元进行模拟，远土层采用透射边界进行模拟。研究表明，当列车经过软土层时，轨道结构和地面支撑可能发生共振，从而影响轨道结构的安全。Jones 等将列车运行对轨道的作用分为两个部分，即轴重连续经过定点所引起的准静力变形和车体质量在不规则轮轨接触条件下加速或减速引起的动力响应。Takemiya 等将每个轴对轨道的影响分成三个部分，即轴重引起的准静力反应、作用在固定点上的时变荷载和移动简谐荷载。研究表明，上述模型分析方法能够较为准确地模拟列车的振动荷载。

（2）试验分析法。

Takemiya H 等将列车前方某点作为观测点，给出一列由 n 节车厢组成的列车以恒定速度通过该点时，该观测点所受荷载的时程曲线；Sheng X 利用该方法对列车引起的振动进行了测试和研究，研究表明，列车振动波可以分为两种形式，一种为面波形式传播，另一种为体波和瑞利波同时存在的形式传播。李小珍等研究了高速铁路高架桥段车致地面振动的传播和衰减规律，研究结果表明，近场测点的加速度时程呈现出明显的列车周期性加载现象，轴距及前后车相邻转向架间距的激励频率起主要作用。

试验分析法得到的列车动荷载频带较宽，充分考虑到了轨道不平顺、车轮擦伤、车轮偏心和钢轨磨耗等因素的影响，因此能够比较准确地反映真实情况，但由此得到的荷载仅针对具体的轨道和车速情况，并需要大量的实测数据支持。

（3）经验分析法。

由于现场及模拟试验会受到一定条件的限制，因而国内外学者提出采用经验数据进行荷载分析，利用激振力函数来模拟列车动荷载，即经验分析法。梁波等采用一简单的、能够考虑几何不平顺的、类似激振形式的函数来表达列车荷载，研究表明，该模型能够较好地模拟列车荷载，利用该模型分析所得结果与现场实测的结果较为接近。李军世等提出先求单组轮载，然后利用叠加原理将多组轮载进行组合迭加，得到列车振动荷载，研究表明，利用该方法计算的列车振动荷载与有限元分析的结果较为接近。

综上所述，现阶段列车振动研究主要集中于理论和数值分析，缺乏基于大量的实际振动的实测统计和分析，这对实际工程舒适性评价标准及方法的验证性研究影响较大。目前，关于综合交通枢纽处列车振动荷载的研究仍有以下三个方面的问题值得进一步考虑：① 对近源高铁振动影响的分析成果与应用研究较少，大跨站房结构可能位于高铁线路周边或上方，列车与建筑物的距离较近，频谱成分复杂，目前能够借鉴的研究成果较少。② 现有的模拟列车振动荷载的车辆-轨道系统分析模型中的轨道都考虑为直线形式，然而综合交通枢纽的线路道弯多、道岔多、轨道接头多，列车通过时内外车轮由于走行长度不同会出现相对滑动，可能会引起较大的横向振动。③ 诱发综合交通枢纽内建筑物的振动高频分量较大。因此，利用目前的车辆-轨道耦合理论模型计算列车振动荷载的方法有一定的局限性。

3. 减振措施

对于特定的列车和轨道结构，减振降噪措施包括设置隔振屏障、对建筑物基础及结构进行特殊处理等措施。雷晓燕等对弹性基础的隔振效果进行了研究，研究表明，弹性基础对较高频段的振动隔振效果较好，但弹性基础的存在会放大轨道上的最大低频速度和加速度。曹志刚等研究了明沟和充填式沟渠的隔振效果，研究表明，明沟和充填式沟渠的减振沟越深，其有效隔振频率的下限就越低，减振效果越好。孙成龙等对非连续排桩屏障的隔振效果进行了研究，研究表明，非连续排桩屏障的散射效应决定非连续屏障隔振的隔振效果，而屏障的衍射效应决定其影响范围。李志江等研究了 WIB 的隔振效果，研究表明，蜂窝状的 WIB 法有效频率在 $3 \sim 5$ Hz，蜂窝状 WIB 法的减振效果预计为 10 dB 以上。

建筑物结构方面的减振降噪措施有① 建筑和轨道避免共用基础，两者的基础进行分离设计；② 建筑物的基础隔振；③ 建筑物本体的抗振处理；④ 在建筑物侧面安装隔振材料或装置来减振。

建筑结构隔离高铁振动的研究具有以下特征：① 高铁振动的能级小，土壤介质不至于进入塑性状态，但是其作用时间长，可能使结构产生类似疲劳的问题，引起建筑物的破坏。② 高铁振动为三向振动，决定其隔振方法的不同，一般的橡胶隔振支座竖向刚度较大，仅能隔离水平振动，不具备竖向隔振效果。因此，有必要研发能够隔离高铁振动的新型三维隔振支座。

针对大跨站房结构的减振措施主要在振动源和振动传播路径中采取措施，由于大跨站房结构可能受到风振及地震的作用，因此有必要针对高铁振动-风-地震独立及联合作用下的减振措施进行研究。在研究高铁振动-风-地震独立及联合作用下大跨站房结构振动特性的基础上，提出新型的三维减隔振装置，并对其高铁振动-隔离风-地震的效果进行评价，上述工作不仅具有重要的理论意义，同时具有重要的工程应用价值。

4. 大跨站房结构的抗风研究

近年来先后发生过多起大跨站房结构风致破坏的严重事故，造成重大的经济损失，同时对社会造成了极大的负面影响。新建的大跨站房结构屋面形式新颖，具有质量小、柔性大等特点。据国内外统计，在历次强风作用下屋盖体系破坏约占建筑物风灾损失的一半以上。目前，国内外对于屋盖破坏过程中屋盖的内外风压分布影响规律研究的较少，所以加强屋盖风致破坏机制研究、分析风灾发生的原因、找出合理的抗风措施，对于减轻风致灾害的破坏程度是非常必要的。

由于建造在高铁线路附近的大跨站房结构可能受到风振独立作用或者高铁振动-风振联合作用，因此需要对大跨站房结构在风振独立作用及高铁振动-风振联合作用下的振动响应及其采用减隔振技术后的振动性能提高程度进行系统研究，揭示大跨站房结构在风振独立作用及高铁振动-风振联合作用下的振动机理。

5. 站房结构的抗震研究

大跨站房结构往往是人群集中的场所，其安全性受到格外的关注。如何确保大跨站房结构在地震灾害发生时的安全性成为一个十分突出的问题。减隔震技术能够有效提高结构的抗震能力，尽可能减小结构自身的损伤。将减隔震技术应用到大跨站房结构当中，提高其抗震能力，是减少地震灾害对大跨站房结构损伤的一种重要途径。

国内外针对大跨站房结构抗震性能的研究尚较少。国巍对高铁客站大跨站厅结构进行竖向多点地震响应研究，研究表明，竖向多点非一致输入对高架站厅层的地震响应有着显著影响，在抗震设计和性能评估中均不可忽视此因素。刘汉云进行了双向地震下大跨站房结构的振动台试验研究，研究表明，结构的薄弱环节主要集中于上部屋盖结构，在设计中应考虑加强其抗震性能，或采用吸能减震及隔震装置来有效处理上部结构抗震性能。

由于建造在高铁线路附近的大跨站房结构可能受到地震作用

或者高铁振动-地震联合作用，因此需要对大跨站房结构在地震作用及高铁振动-地震联合作用下的振动响应及其采用减隔振技术后的性能提高程度进行系统研究，揭示大跨站房结构在地震作用及高铁振动-地震联合作用下的振动机理。

7.1.2 亟待研究的问题

（1）高铁系统振动的数值模拟方法研究。

（2）高铁振动环境下大跨站房结构的舒适度-耐久性评价方法及标准。

（3）新型三维减隔振装置的构造要求、力学性能和数值模拟方法研究。

（4）大跨站房结构及减隔振大跨站房结构在高铁振动、风振、地震独立作用下的振动响应特点及其减隔振控制。

（5）大跨站房结构及减隔振大跨站房结构在"风-高铁振动"联合作用下的振动响应特点及其减隔振控制。

（6）大跨站房结构及减隔振大跨站房结构在"地震-高铁振动"联合作用下的振动响应特点及其减隔振控制。

7.1.3 小　结

本节介绍了大跨站房结构高铁振动响应机理研究的重要性及最新进展。综述了高铁环境振动产生机理、列车振动荷载确定方法、上部建筑的振动评价及其减振方法。书中指出，建立高铁系统-基础-土层-建筑物结构体系三维大系统动力分析模型以评价高铁系统的振动对大跨站房结构的影响。在此基础上，探索大跨站房结构在高铁振动-风-地震独立及联合作用下的振动机理，研发能够同时抑制高铁振动、风振及地震响应的三维减隔振装置具有重要的理论和现实意义。

7.2 新型三维多功能隔振支座（3D-MIB）

高铁以其速度快、安全舒适、可靠性好等优点，已成为当代社会一种重要的现代化城市交通工具。但是，随着大城市高铁网的不断扩展，高铁列车车速的不断提升，高铁列车运营引起的振动和噪声问题已对人类的工作生活造成了不可忽视的影响。

地震灾害给人类带来不可估量的生命财产损失。基础隔振（震）体系是在上部结构与基础之间设置某种隔震消能装置，以减小地震（振动）能量向上部的传输，达到减小结构振动的目的。

本节开发了一种能够同时隔离高铁振动及地震振动的三维多功能隔振支座（3D-MIB）。首先，介绍3D-MIB的结构构造与工作机理，提出其设计方法。然后，利用SAP2000软件对非隔振结构以及设置有3D-MIB的隔振结构进行非线性动力时程分析，比较分析3D-MIB隔离高铁振动和地震振动的有效性。

7.2.1 结构构造与工作机理

3D-MIB如图7-2-1所示。该3D-MIB包括铅心橡胶隔振支座、碟形弹簧、导杆、下连板、中间连板和上连板。下连板和中间连板之间设置铅心橡胶隔振支座，中间连板和上连板之间设置碟形弹簧组，碟形弹簧组中间设置导向装置，导向装置内部设置导杆，导杆上部与上连板相连。碟形弹簧组与导向装置接触面之间设置低摩擦材料，减小两者之间的摩擦。导杆中部设置有环形翼缘，环形翼缘上部设置有缓冲橡胶。导向装置上部设置有圆环形抗拉挡板，上连板下部设有圆形凹槽，导向装置可在凹槽中自由滑动。凹槽外部设置凸缘，凸缘直接与下部的碟形弹簧组接触，传递竖向荷载。

3D-MIB的工作机理如下：当3D-MIB安装在结构上时，碟形弹簧发生竖向变形，导向装置进入上连板的预留凹槽中，导向装置与凹槽之间产生接触,可以传递水平力。在风或小震作用下,3D-MIB 中的铅心橡胶隔振支座变形较小,以保证结构的正常使用;在中强震作用下,3D-MIB 中的铅心橡胶隔振支座产生较大变形,从而隔离振动的上下传递,并且通过铅心橡胶隔振支座的高阻尼特性耗能;在地震结束后,由于铅心橡胶隔振支座具有足够的水平刚度,支座可恢复初始的位移状态。在竖向地震作用下,碟形弹簧组发生竖向变形,隔离竖向地震动向上部结构的传递,并且碟形弹簧组具有一定的耗能能力,消耗一部分竖向地震作用能量。在水平及竖向地震作用下,圆环形抗拉挡板能够阻挡环形翼缘过度的向上移动,提供一定的竖向抗拉能力。

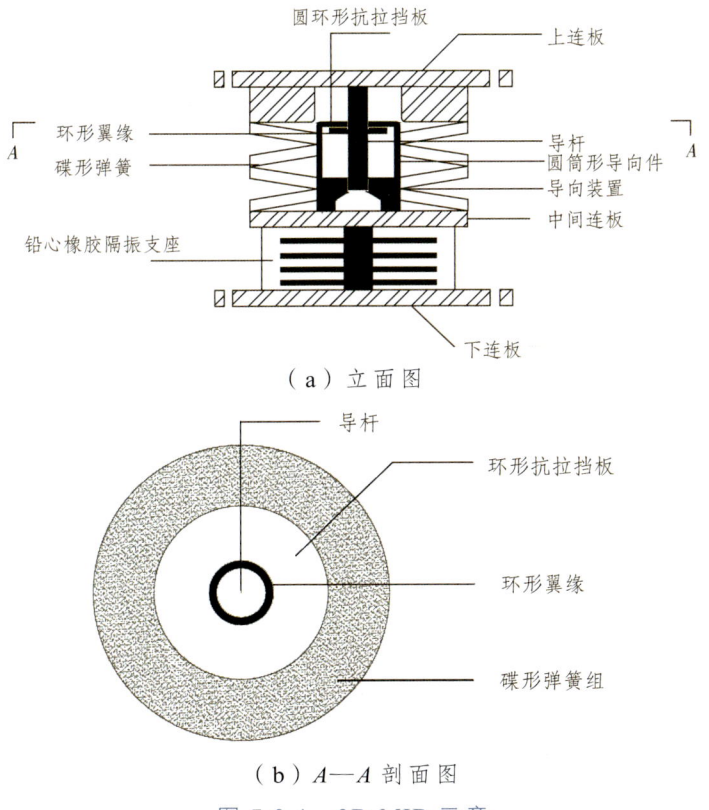

图 7-2-1 3D-MIB 示意

1. 刚度计算

3D-MIB 的水平刚度和竖向刚度为支座上部结构碟形弹簧和下部结构铅心橡胶隔振支座的刚度串联，其计算表达式为

$$k_V = 1/(1/k_{DV} + 1/k_{RV}) \quad (7\text{-}2\text{-}1)$$
$$k_H = 1/(1/k_{DH} + 1/k_{RH}) \quad (7\text{-}2\text{-}2)$$

式中　k_V, k_H ——3D-MIB 的竖向刚度和水平刚度；

k_{DV}, k_{DH} ——3D-MIB 上部结构的竖向刚度和水平刚度；

k_{RV}, k_{RH} ——铅心橡胶隔振支座的竖向刚度和水平刚度。

铅心橡胶支座的竖向刚度远大于碟形弹簧组的竖向刚度，故 3D-MIB 竖向刚度近似等于碟形弹簧组的竖向刚度，即 $k_V \approx k_{DV}$。3D-MIB 上部结构的水平刚度远大于铅心橡胶隔振支座的水平刚度，故 3D-MIB 的水平刚度近似等于铅心橡胶支座的水平刚度，即 $k_H \approx k_{RH}$。

设铅心橡胶隔振支座的初始水平刚度为 k_i，则 $k_i = \alpha_0 k_d$。其中，α_0 为初始水平刚度与屈服后刚度的比值，可近似取 10~15；k_d 为屈服后刚度，且 $k_d = GA/T_r$，G 为橡胶剪切模量，A 为橡胶有效面积；T_r 为橡胶层总厚度。

碟形弹簧的竖向有效刚度计算式为

$$k_{DV} = \frac{4E}{1-\mu^2} \frac{t^3}{K_1 D^3} K_4^2 \left\{ K_4^2 \left[\left(\frac{h_0}{t}\right)^2 - 3\frac{h_0}{t}\frac{f}{t} + \frac{3}{2}\left(\frac{f}{t}\right)^2 \right] + 1 \right\} \quad (7\text{-}2\text{-}3)$$

式中　E ——碟形弹簧材料的弹性模量；

μ ——碟形弹簧材料的泊松比；

t ——碟形弹簧的厚度；

K_1, K_4 ——计算系数；

D ——碟形弹簧有效直径；

h_0——碟形弹簧压平时的变形量计算值；

f——单片碟簧的变形量。

2. 设计方法

3D-MIB 参数设计分为以下 4 步：

（1）铅心橡胶隔振支座设计。针对需进行隔振设计建筑的建筑类别，根据建筑抗震设计规范（GB 50011—2010），确定在永久荷载和可变荷载作用下铅心橡胶隔振支座的压应力限值，进而可初步确定铅心橡胶支座的直径。根据铅心橡胶隔振支座的竖向承载力及水平刚度的要求，参照橡胶隔振支座设计规范，对铅心橡胶隔振支座的橡胶厚度、钢板厚度、橡胶及钢板的层数进行设计。

（2）碟形弹簧组设计。考虑竖向地震对铅心橡胶隔振支座的影响，将铅心橡胶隔振支座的竖向承载力设计值放大 2 倍，作为碟形弹簧组的竖向承载力的设计依据。根据国准《碟形弹簧》（GB/T 1972—2005）对碟形弹簧的碟簧片数及叠合组进行设计，并由碟形弹簧的碟簧片数及叠合组计算碟簧弹簧组的竖向刚度。

（3）将（1）和（2）所确定的铅心橡胶隔振支座和碟形弹簧组的力学特性代入结构进行计算，验算 3D-MIB 隔离高铁振动的有效性，以及铅心橡胶隔振支座在罕遇地震作用下的水平位移及竖向位移是否满足限值要求。铅心橡胶隔振支座的竖向极限偏移位移为 $d_V = 0.75 h_0 N_d$，N_d 为碟形弹簧叠合组数；铅心橡胶隔振支座的水平极限位移为 $d_h = \min(0.55 D_0, 3 T_r)$，min 为取最小值，$D_0$ 为铅心橡胶隔振支座的直径。若满足要求，则结束计算；否则，调整碟形弹簧和铅心橡胶支座的参数，重复进行（1）~（3），直至满足要求。

（4）连接钢板设计。设计连接钢板的尺寸，验算其强度和刚度，使其满足设计要求。

7.2.2 隔振原理分析

可将基础隔振体系视为单质点体系进行分析，得到振动作用下结构体系各个方向的加速度隔振率 R_a，即隔振结构加速度反应 $\ddot{x}_s$ 与地面输入加速度 $\ddot{x}_g$ 之比，表示为

$$R_a = \frac{\ddot{x}_s}{\ddot{x}_g} = \sqrt{\frac{1+(2\zeta\omega/\omega_0)^2}{\left[1-(\omega/\omega_0)^2\right]^2+(2\zeta\omega/\omega_0)^2}} \quad (7\text{-}2\text{-}4)$$

式中　ω/ω_0——迫振频率与结构基频之比；

ζ——阻尼比，对于高铁振动取 0.02，对于地震振动取 0.05。

当阻尼比一定的时候，隔振率只与频率比有关。ω/ω_0 与 R_a 的关系如图 7-2-2 所示。当 $\omega/\omega_0 = \sqrt{2}$ 时，隔振率 $R_a = 1$，表明隔振结构的振动既不衰减也不放大；当 $\omega/\omega_0 > \sqrt{2}$ 时，$R_a < 1$，说明隔振层起到隔振作用，且 ω/ω_0 越小，起到的隔振作用越明显；当 $\omega/\omega_0 < \sqrt{2}$ 时，隔振率 $R_a > 1$，表明隔振结构的振动被放大；当 $\omega/\omega_0 = 1$ 时，会发生共振。

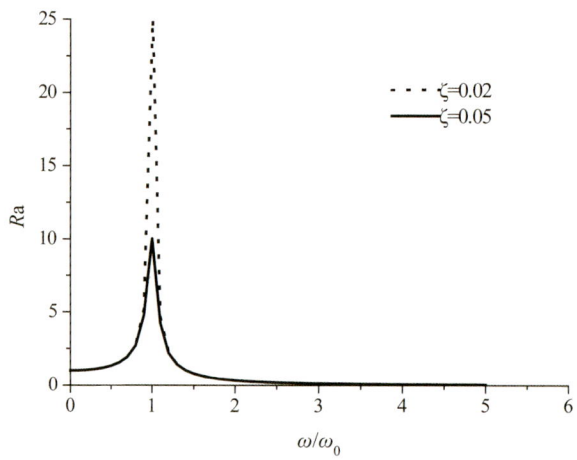

图 7-2-2　R_a 与 ω/ω_0 的关系曲线

7.2.3 隔振效果分析

1. 计算模型

建立如图 7-2-3 所示的两跨十层框架结构，分别为隔振框架结构和普通框架结构。抗震设防烈度为 8 度（0.2g），Ⅱ 类场地，混凝土强度等级为 C30。2 种结构的上部尺寸相同，梁尺寸为 500 mm×200 mm，柱尺寸为 500 mm×600 mm，楼板厚度为 100 mm，层高为 3 300 mm，房间的开间和进深均为 3.6 m。隔振框架结构为普通框架结构底部增加隔震层及 3D-MIB 构成。隔振框架结构的隔震层楼板厚度为 160 mm。

3D-MIB 选用直径为 600 mm 的铅心橡胶隔振支座（G4）和直径为 400 mm 的碟形弹簧（内径为 202 mm，总高度为 29.5 mm，厚度为 21 mm）共同制成。碟形弹簧组由 2 个叠合组对合形成，每个叠合组由 8 片碟形弹簧组成。铅心橡胶支座总高度为 225 mm，铅心直径为 120 mm，T_r = 105 mm。由式（7-2-1）和（7-2-2）计算可得，k_V = 286 kN/mm，k_i = 10.8 kN/mm，k_d = 1.08 kN/mm。3D-MIB 的水平向阻尼比可取为 0.2，竖向阻尼比可取为 0.12。

采用 SAP2000 软件对普通框架结构和隔振框架结构进行建模。梁柱单元采用框架单元进行模拟，楼板采用壳单元进行模拟，3D-MIB 采用 Isolator 单元进行模拟，如图 7-2-3 所示。

对普通框架结构和隔振框架结构进行模态分析发现，普通框架结构的第一工程频率和第二工程频率分别为 0.906 Hz 和 0.987 Hz，隔振框架结构的第一工程频率和第二工程频率分别为 0.336 Hz 和 0.446 Hz。普通框架结构和隔振框架结构的竖向工程频率分别为 19.76 Hz 和 5.89 Hz。

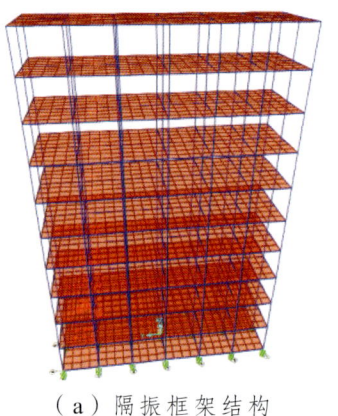
（a）隔振框架结构

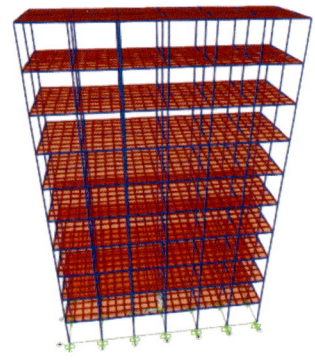
（b）普通框架结构

图 7-2-3　计算模型

2. 高铁隔振分析

高铁振动波采用实测地面高铁振动波。计算普通框架结构和隔振框架结构在高铁振动激励下的振动响应，对两种结构在高铁振动激励下的响应进行对比分析，评价 3D-MIB 隔离高铁振动的效果。

图 7-2-4 所示为隔振框架结构和普通框架结构在高铁振动激励下的竖向加速度峰值对比。由图可知，隔振框架结构中第 1 层～第 10 层的楼板竖向振动加速度峰值均小于普通框架结构的楼板竖向振动加速度峰值。对于隔振框架结构，不同楼层的加速度隔振率存在一定的差异，但总体维持在 50%～70%。

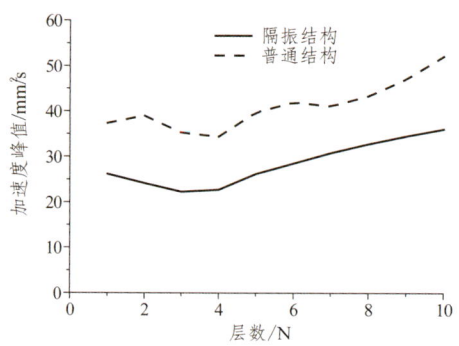

图 7-2-4　高铁振动作用下竖向加速度峰值对比图

图 7-2-5 所示为隔振框架结构和普通框架结构在高铁振动激励下竖向加速度频谱和竖向加速度 1/3 倍频程振级对比。由图可知，隔振框架结构减小了 15～100 Hz 频率范围内的加速度有效值。从加速度 1/3 倍频程振级来看，隔振框架结构减小了 15～80 Hz 频率范围内的加速度 1/3 倍频程振级，放大了 0～15 Hz 频率范围内的加速度有效值及加速度 1/3 倍频程振级。其原因在于，隔振框架结构的竖向振动频率为 5.89 Hz，迫振频率的频率为 0～100 Hz，在结构阻尼比一定的情况下，隔振框架结构将放大 5.89 Hz 附近的竖向振动响应，远离 5.89 Hz 频率的竖向振动响应将会衰减（由于篇幅限制，仅表示出第 1 层的振动评价。）

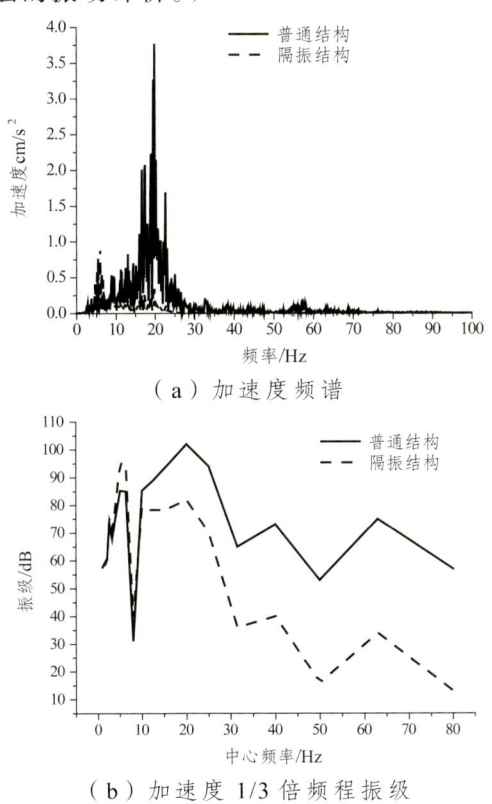

（a）加速度频谱

（b）加速度 1/3 倍频程振级

图 7-2-5　高铁振动作用下竖直方向加速度频谱及 1/3 倍频程振级

图 7-2-6 所示为隔振框架结构和普通框架结构在高铁激励下的水平加速度峰值。由图可知，3D-MIB 在水平方向的加速度隔振率约为 50%~60%。

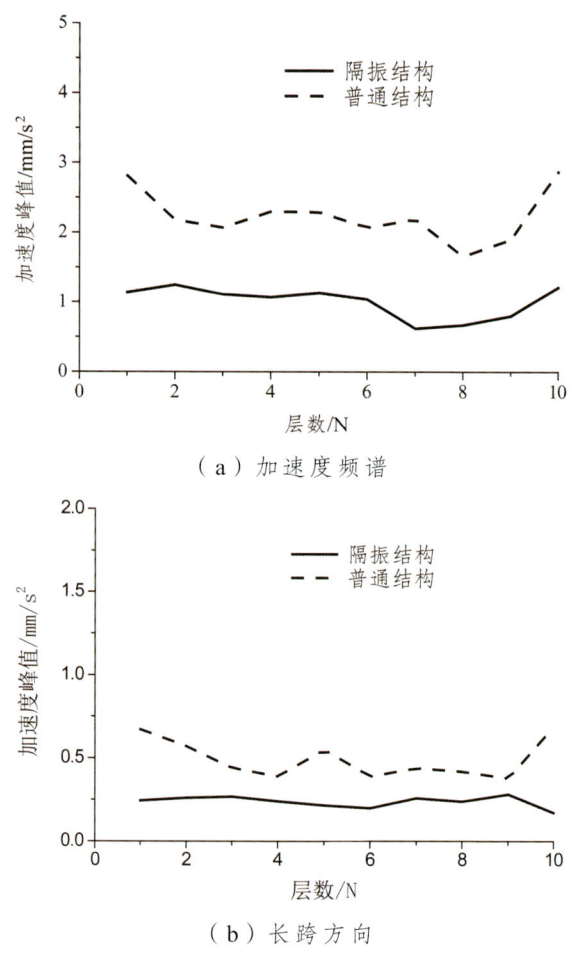

（a）加速度频谱

（b）长跨方向

图 7-2-6　高铁振动作用下加速度峰值对比图

图 7-2-7 所示为隔振框架结构和普通框架结构在高铁振动激励下的水平加速度频谱和水平加速度 1/3 倍频程振级。由图可知，隔振框架结构降低了 9~100 Hz 频率范围内的加速度有效值和加速度

1/3 倍频程振级,隔振框架结构对 3~9 Hz 频率范围内的加速度有效值和加速度 1/3 倍频程振级具有一定的放大作用。究其原因在于,普通框架结构和隔振框架结构的水平向振动远小于水平高铁振动的卓越频率（60~70 Hz）,故这两种结构均能起到隔离水平高铁振动的作用。比较可见,隔振框架结构的隔振效果更为显著。

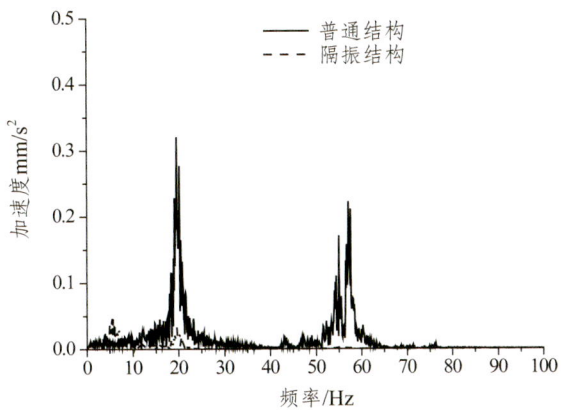

（a）短跨方向水平加速度频谱

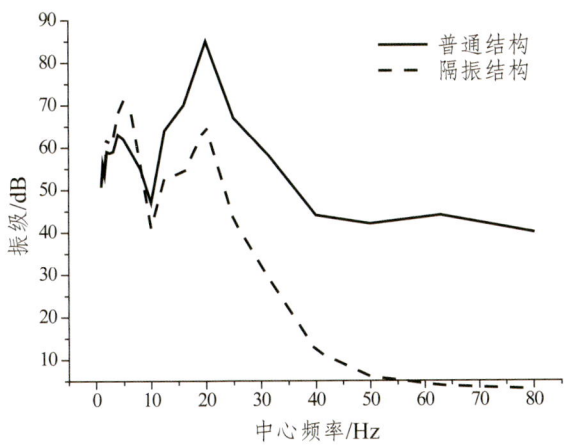

（b）短跨方向水平加速度 1/3 倍频程振级

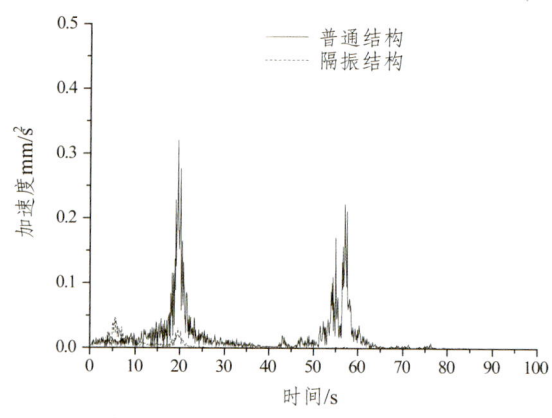

（c）长跨方向水平加速度频谱

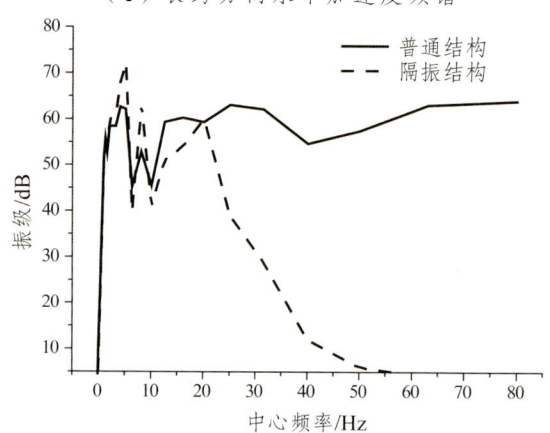

（d）长跨方向水平加速度 1/3 倍频程振级

图 7-2-7　水平方向加速度频谱及 1/3 倍频程振级

3. 地震隔震分析

选择Ⅱ类场地土天然地震波 El-centro（EL）波、TAFT 波、NEWHALL 波，计算隔振框架结构和普通框架结构在三向地震波作用下的弹塑性地震响应。按照抗震设计规范（GB 50011—2010），抗震设防烈度为 8 度地区的水平方向加速度峰值取为 400 cm/s^2，本文中短跨加速度峰值最大值取为 400 cm/s^2，短跨方向、长跨方向及竖向的峰值加速度加载比例为 1∶0.85∶0.65。

图 7-2-8 所示为隔振框架结构中 3D-MIB 在三向地震波作用下的竖向位移时程。由图可知，在地震波作用下 3D-MIB 的最大竖向位移均小于 8.5 mm。由碟形弹簧标准可知，碟形弹簧的最大压缩变形量为 $0.75h_0$，即 15 mm，3D-MIB 的竖向变形量满足罕遇地震作用下的变形要求。

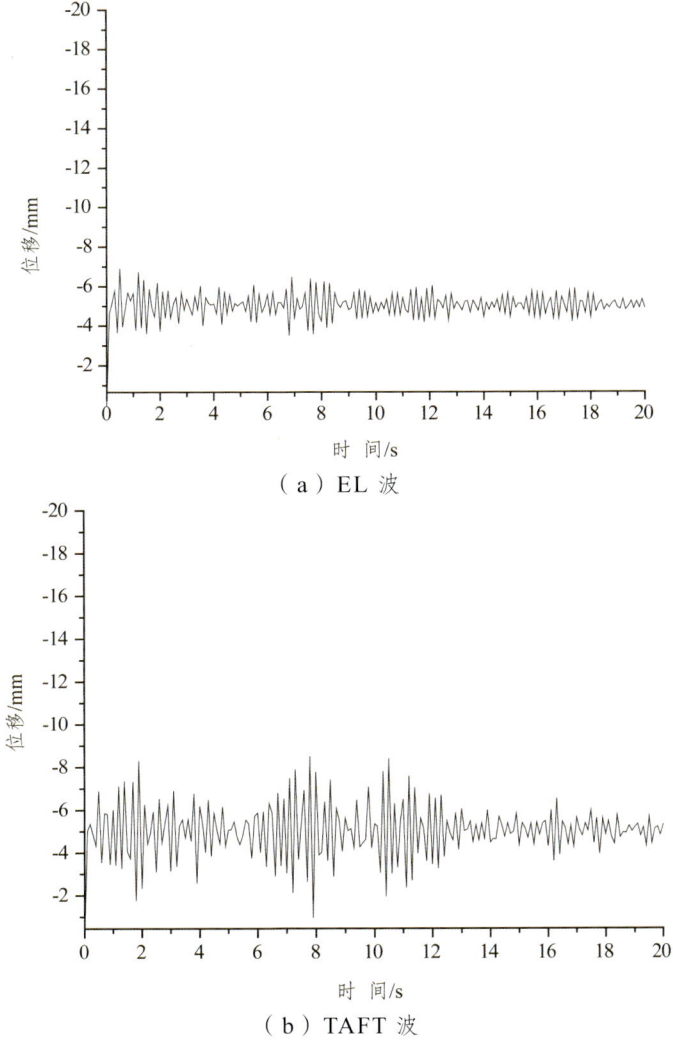

（a）EL 波

（b）TAFT 波

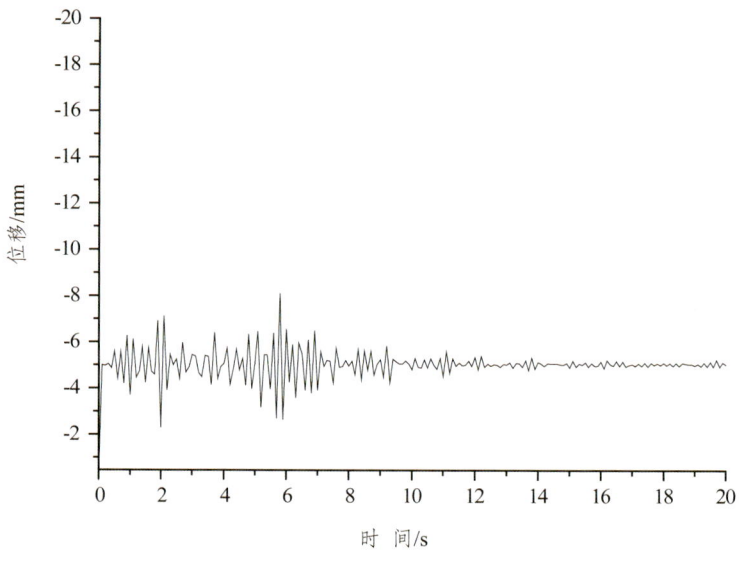

（c）NEWHALL 波

图 7-2-8　3D-MIB 竖向位移时程

图 7-2-9 所示为普通框架结构和隔振框架结构在地震波作用下竖直方向的加速度峰值对比。由图可知，在地震波作用下，隔振框架结构中第 1 层～第 10 层的竖向加速度峰值均大于普通框架结构的竖向加速度峰值，放大系数为 2～5。究其原因在于，EL 波、TAFT 波及 NEWHALL 波竖向分量的卓越频率为 2～12 Hz，隔振框架结构的竖向工程频率为 5.89 Hz，在结构阻尼比一定的情况下，隔振框架结构将放大 5.89 Hz 附近的竖向振动响应。进一步增加三维多功能支座的竖向阻尼比能够降低结构在竖向荷载作用下的振动响应。

图 7-2-10 所示为隔振框架结构中 3D-MIB 在地震波作用下水平方向的绝对位移时程。由图可知，在地震波作用下 3D-MIB 的最大绝对水平位移均小于 300 mm，满足罕遇地震作用下铅心橡胶隔振支座最大水平位移小于 0.55D（330 mm）及 3 倍橡胶层总高度（315 mm）的要求。

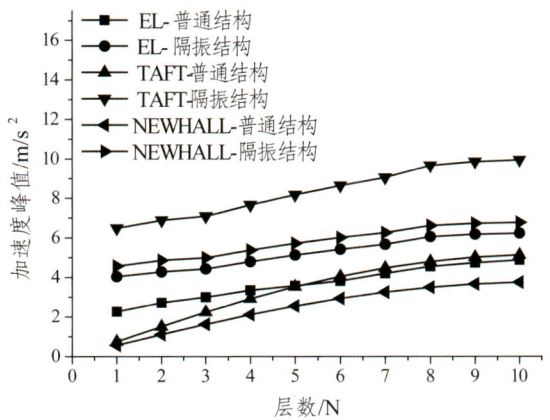

图 7-2-9 地震作用下竖向加速度峰值

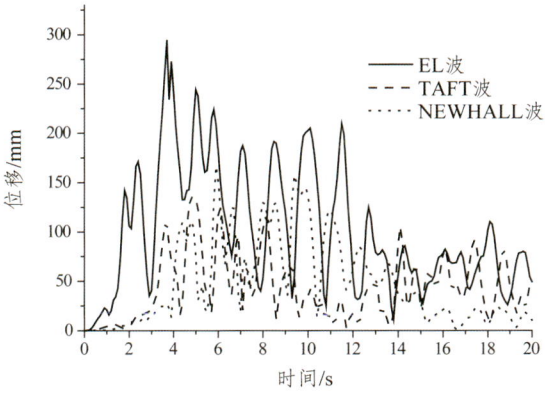

图 7-2-10 绝对水平位移时程

图 7-2-11 所示为普通框架结构和隔振框架结构在地震波作用下水平方向的加速度峰值对比图。由图可知，除第 1 层外，隔振框架结构中第 2 层~第 10 层的水平加速度峰值均小于普通框架结构的水平加速度峰值。究其原因在于，普通框架结构的水平向第一、第二工程频率为 0.906 Hz 和 0.987 Hz，隔振框架结构的水平向第一、第二工程频率为 0.346 Hz 和 0.446 Hz，迫振频率的卓越频率为 1~7 Hz，在结构阻尼比一定的情况下，迫振频率的卓越频率与隔振框架结构的工程频率的比值均大于 $\sqrt{2}$，3D-MIB 可起到隔离水平地震

的效果。同时，由于隔振框架结构水平向的阻尼比远大于普通框架结构的阻尼比，隔振框架结构的水平地震响应远小于普通框架结构的水平地震响应。

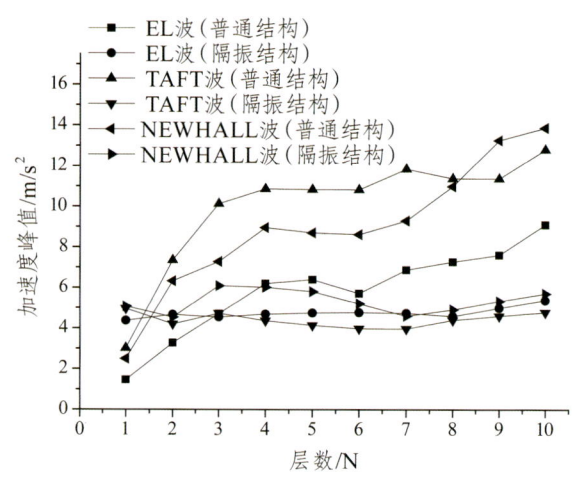

（a）短跨方向

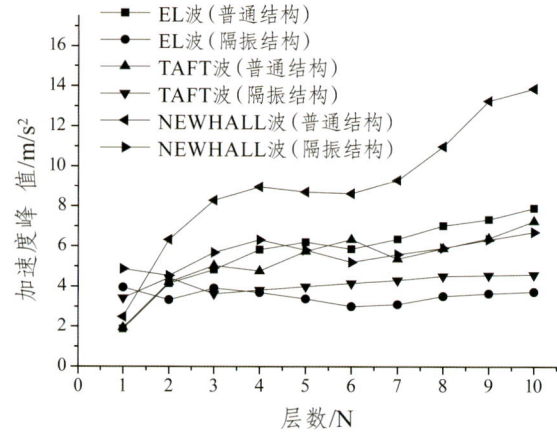

（b）长跨方向

图 7-2-11　地震作用下水平加速度峰值

7.2.4 小　结

为了减小高铁运行引起的建筑振动以及地震对结构的破坏作用，开发了一种新型三维多功能隔振支座（3D-MIB）。首先，介绍了 3D-MIB 的结构构造与工作机理，提出其设计方法；然后，利用 SAP2000 软件建立了非隔振结构及设置有 3D-MIB 隔振结构的有限元模型。对模型进行模态分析和在高铁及地震振动作用下的非线性动力时程分析，采用加速度隔震率对 3D-MIB 的隔振效果进行评价。研究结果表明，3D-MIB 延长了结构水平和竖直方向的自振周期，对结构的振型影响较大。与非隔振结构相比，3D-MIB 降低了高铁振动下隔振结构各层的水平和竖向加速度峰值，水平和竖向加速度隔震率在 50%~70%；3D-MIB 降低了罕遇地震作用下隔振结构的水平地震作用，除一层、二层外，其他各层的水平加速度隔震率均超过 50%；3D-MIB 放大了罕遇地震作用下隔振结构各层的竖向加速度响应，结构各层竖向加速度峰值的放大系数为 2~5。

（1）在竖向及水平高铁振动荷载作用下，隔振结构的各层楼板竖向加速度小于非隔振结构的各层楼板竖向加速度，各层相对应的楼板竖向及水平振动加速度有效值和加速度 1/3 倍频程振级也有相应的减小。

（2）合理设计的 3D-MIB 能够满足罕遇地震作用下的变形要求。

（3）3D-MIB 能够有效隔离水平地震作用，但其对竖向地震具有放大作用，进一步增加三维多功能支座的竖向阻尼比有助于提高其竖向隔震性能。

7.3　碟形弹簧复合隔振支座

机械领域广泛应用的碟形弹簧隔振支座具有承载力高、性能稳定等优点，且碟形弹簧片间存在锥面摩擦及边缘摩擦，在往复荷载作用下可提供一定的耗能能力，也常用于建筑结构的竖向隔震。

作为隔震装置，碟形弹簧隔震支座的刚度及阻尼特性颇受关注。邢佶慧对不同组合状态的碟形弹簧进行静态及动态试验研究，研究表明，碟形弹簧组产生的阻尼大小与碟形弹簧的组合片数、叠合方式、加载情况及使用的润滑剂品种有关，最大摩擦力源于叠合面之间的接触。贾俊峰采用钢板阻尼器增加碟形弹簧隔震支座的竖向耗能能力，并对其进行试验研究，研究表明，钢板阻尼器能够有效提高碟形弹簧隔震支座的耗能能力。张玉敏针对碟形弹簧及黏弹性阻尼器组合的竖向隔震装置进行静载和动荷载作用下的力学性能试验，给出其等效刚度及等效阻尼比的表达式，并建立其恢复力模型。

黏弹性阻尼器是一种有效的被动减震（振）控制装置，它主要依靠黏弹性材料的滞回耗能特性给结构提供附加刚度和阻尼，减小结构的动力反应，以达到减震（振）的目的。新型黏弹性阻尼器具有如下特点：滞回曲线饱满、力学性能稳定；具有较强的耗能性能和大变形能力，抗疲劳性能和抗老化性能良好；变形对其力学性能指标影响明显，加载频率对其影响较小。

为了提高碟形弹簧隔震支座的阻尼性能，在此提出在碟形弹簧隔震支座中设置黏弹性阻尼层，构成碟形弹簧复合隔震支座。通过静力和动力性能试验，考察加载预压量、动荷载幅值和加载频率等对碟形弹簧复合隔震支座等效刚度及等效阻尼比的影响；以此为基础，进一步探讨碟形弹簧复合隔震支座的数值模拟方法，并利用静力和动力试验的试验结果对数值模拟方法的有效性进行验证。

7.3.1 碟形弹簧复合隔震支座的工作机理

碟形弹簧复合隔震支座的示意图如图 7-3-1 所示，包括碟形弹簧、外导杆、内导杆、黏弹性阻尼层、下连板和上连板。下连板和上连板之间设置碟形弹簧组,碟形弹簧组中间设置外导杆和内导杆,内导杆与上连板相连,外导杆与下连板连接,外导杆和内导杆之间设置黏弹性阻尼层。

碟形弹簧复合隔震支座的工作机理:在风或小震作用下,碟形弹簧复合隔震支座中碟形弹簧变形较小,可以保证结构的正常使用;在中强震作用下,碟形弹簧复合隔震支座中碟形弹簧产生较大变形,从而隔离地震动的上下传递,并且通过黏弹性材料的高阻尼特性耗能,消耗一部分竖向地震作用能量;在地震结束后,由于碟形弹簧具有足够的竖向刚度,碟形弹簧复合隔震支座可恢复初始的位移状态。

碟形弹簧复合隔震支座的阻尼力由三部分构成:① 黏性阻尼力,大小与加载速率成正比,与加载方向相反;② 库仑阻尼力,主要由碟形弹簧锥面间摩擦形成,一般为常量,但方向与加载方向相反;③ 黏弹性阻尼力,主要由黏弹性阻尼层提供,大小与相对位移和黏弹性阻尼层的特性相关,方向与加载方向相反。

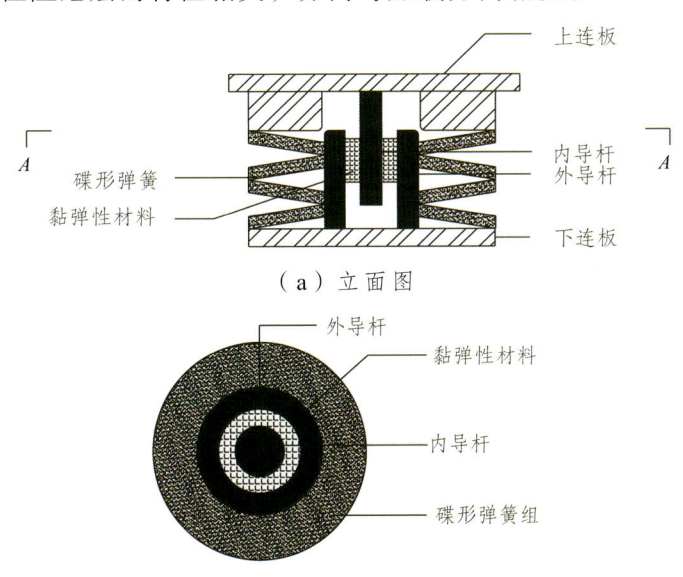

(a) 立面图

(b) A—A 剖面图

图 7-3-1 碟形弹簧复合隔震支座示意图

7.3.2 碟形弹簧复合隔震支座试验研究

1. 试验方案

（1）试验模型。

为了研究所提出的碟形弹簧复合隔震支座的力学性能，设计如图 7-3-2 所示的两种竖向减振装置试验模型。模型 A 为碟形弹簧复合隔震支座，模型 B 为普通碟形弹簧隔震支座，模型 A 和模型 B 的主要区别为模型 A 在内外导杆之间增加了黏弹性阻尼层。模型 A 主要由碟形弹簧组、圆筒形黏弹性阻尼层、上下连接板等构成。碟形弹簧组由 12 片碟簧组成，采取 3 片叠合，4 组对合的组合方式。内外导杆分别连接于上下连板，圆筒形黏弹阻尼层设置于内、外导杆之间。试验用碟形弹簧复合隔震支座实物图如图 7-3-3 所示。单片碟形弹簧设计参数以及圆筒形黏弹性阻尼层设计参数见表 7-3-1 和表 7-3-2。

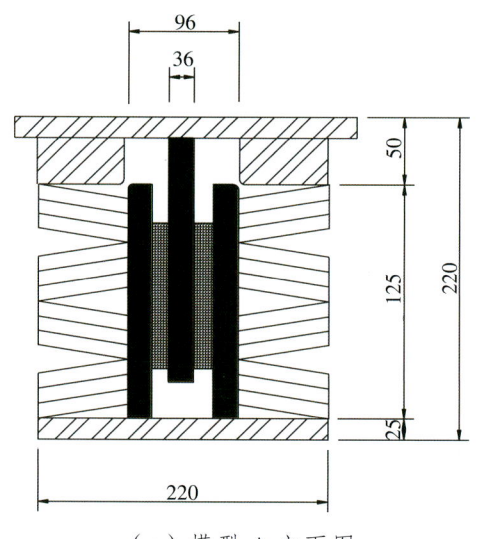

（a）模型 A 立面图

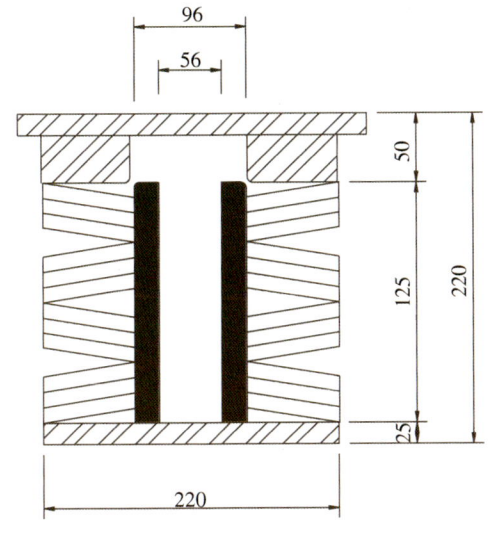

(b) 模型 B 立面图

图 7-3-2 碟形弹簧支座试验模型（单位：mm）

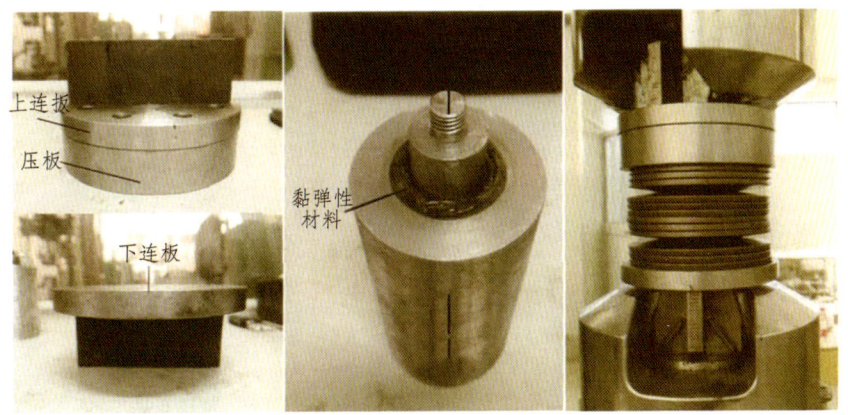

图 7-3-3 碟形弹簧复合隔震支座实物

表 7-3-1 碟形弹簧设计参数

D_s/mm	d_s/mm	t_s/mm	h_{s0}/mm	H_{s0}/mm
200	102	8	7	15

注：D_s 为碟簧外径，d_s 为碟簧内径，t_s 为碟簧厚度，h_{s0} 为碟簧的极限变形，H_{s0} 为碟簧的高度。

表 7-3-2　黏弹性阻尼层设计参数

D_v/mm	d_v/mm	t_v/mm	l_v/mm	h_v/mm
96	36	20	46	100

注：D_v 为黏弹性阻尼层的外导杆直径，d_v 为内导杆直径，t_v 为外导杆壁厚，l_v 为剪切圆环面直径，h_v 为剪切圆环长度。

（2）试验装置。

试验采用 MTS 电液伺服疲劳试验系统，该试验系统可提供 500 kN 的竖向最大加载力，最大作动行程 176 mm。试验采用正弦波加载，通过调整加载正弦波的频率、幅值实现不同的加载工况。竖向荷载与位移值由计算机采集。

（3）试验内容。

① 静载试验：根据试验设备特点，采用位移控制的方法，从零位移开始缓慢加载，分别加载至 21 mm（碟形弹簧变形量 f = $0.75h_0$）和 28 mm（碟形弹簧压平），然后缓慢卸载，分别记录试件的荷载-位移曲线。

② 动荷载试验：采用位移控制的方法，在不同的加载预压量下对试件进行往复加载。记录不同的加载频率和动荷载幅值工况下的荷载-位移曲线。加载预压位移 d_y 分别取 10 mm 和 14 mm，加载频率 f 由 0.1 Hz、0.2 Hz、0.5 Hz 和 1 Hz 逐步递增，动荷载幅值 d_a 由 0.5 mm、1 mm、2 mm 和 4 mm 逐步递增。试验工况编号见表 7-3-3。

表 7-3-3　试验工况编号

工况编号	d_y/mm	d_a/mm	f/Hz
1～4	10	0.5	0.1，0.2，0.5，1
5～8	10	1	0.1，0.2，0.5，1
9～12	10	2	0.1，0.2，0.5，1

续表

工况编号	d_y/mm	d_a/mm	f/Hz
13~16	10	4	0.1，0.2，0.5，1
17~20	14	0.5	0.1，0.2，0.5，1
21~24	14	1	0.1，0.2，0.5，1
25~28	14	2	0.1，0.2，0.5，1
29~32	14	4	0.1，0.2，0.5，1

（4）等效刚度和等效阻尼比。

模型 A 和 B 的等效刚度 k_V 由式（7-3-1）进行计算。

$$k_V = \frac{Q_1 - Q_2}{d_1 - d_2} \quad (7\text{-}3\text{-}1)$$

式中　d_1——最大正变形量；

d_2——最大负变形量；

Q_1——d_1 对应的荷载值；

Q_2——d_2 对应的荷载值。

模型 A 和模型 B 的等效阻尼比 ζ 由式（7-3-2）进行计算。

$$\zeta = \frac{\omega_D}{4\pi\omega_s} \quad (7\text{-}3\text{-}2)$$

式中　ω_D——实际滞回曲线的面积；

ω_s——弹性应变能。

2．试验结果分析

（1）静载试验结果分析。

对碟形弹簧复合隔震支座进行极限荷载试验，碟形弹簧复合隔震支座从自由状态开始缓慢加载，直到碟形弹簧被完全压平为止，然后缓慢卸载,反复进行三次,分别记录碟形弹簧复合隔震支座初始高度以及受压卸载后的高度,并检查碟形弹簧是否存在损坏。图 7-3-4 所示为碟形弹簧压至极限时的状态,表 7-3-4 列出了压平前后碟形弹簧复合隔震支座的高度变化。由表 7-3-4 可知,每次加载后碟形弹簧均能恢复至初始高度,并且经检查无任何损坏。由此可见,碟形弹簧复合隔震支座具有良好的竖向承载力。

图 7-3-4　碟形弹簧压至极限

表 7-3-4　压平前后碟形弹簧复合隔震支座的高度变化

试验编号	1	2	3
h_c/mm	125.6	125.4	125.4
h_x/mm	125.4	125.4	125.4

注:h_c 为初始高度,h_x 为卸载高度。

静载下加载至 21 mm 时,模型 A 和模型 B 的荷载-位移曲线如图 7-3-5 所示,竖向等效刚度 k_v 分别为 15.16 kN/mm 和 13.92 kN/mm 及竖向荷载 Q 分别为 318.02 kN 和 292.36 kN。由图 7-3-5 可知,模型 A 比模型 B 具有更大的竖向承载力与竖向刚度,其原因为黏弹性阻尼层增加了模型 A 的竖向刚度和承载力。

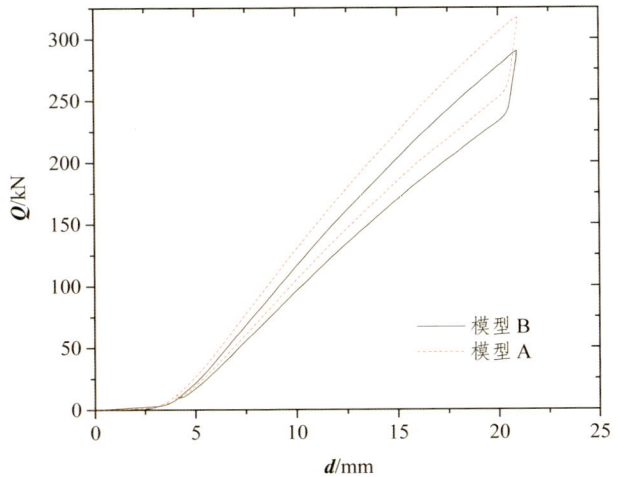

图 7-3-5　碟形弹簧复合隔震支座荷载-位移曲线

(2) 动荷载试验结果分析。

各种工况下，模型 A 的典型滞回曲线如图 7-3-6 和图 7-3-7 所示，模型 B 的典型滞回曲线如图 7-3-8 和图 7-3-9 所示。由图可知：

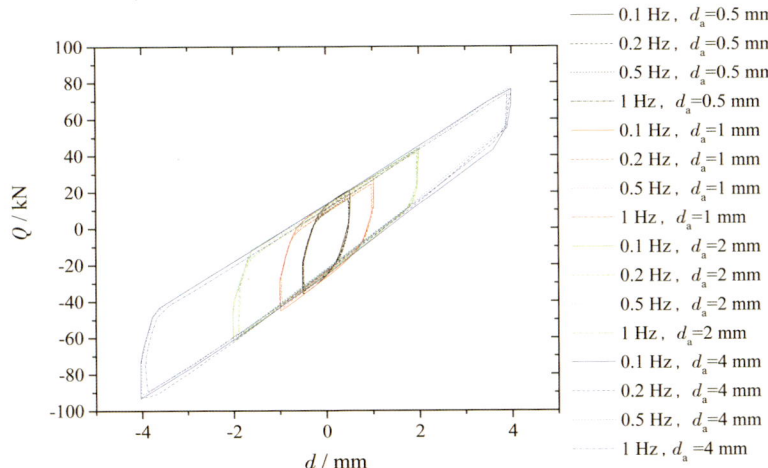

图 7-3-6　模型 A 碟形弹簧的荷载-位移曲线
（加载预压量 10 mm）

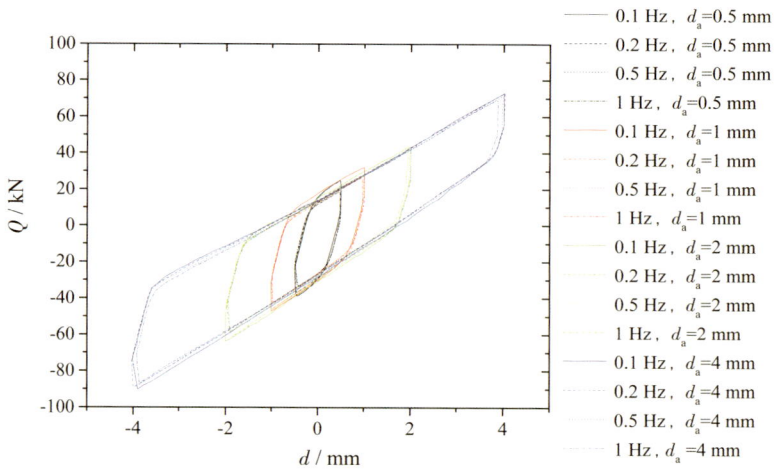

图 7-3-7　模型 A 碟形弹簧的荷载-位移曲线
（加载预压量 14 mm）

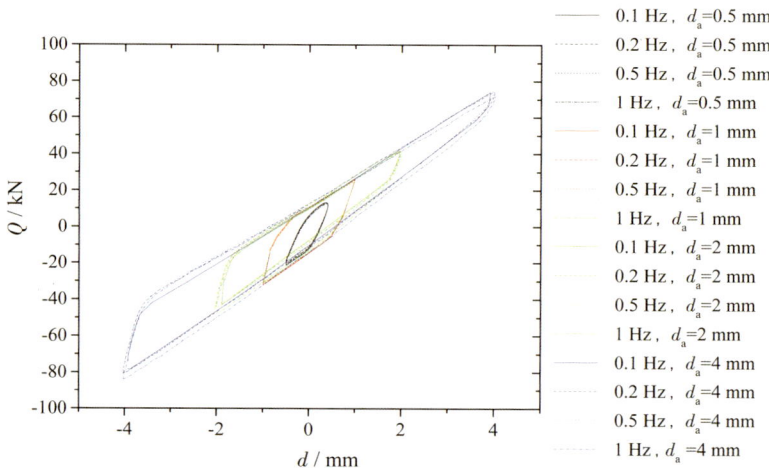

图 7-3-8　模型 B 碟形弹簧的荷载-位移曲线
（加载预压量 10 mm）

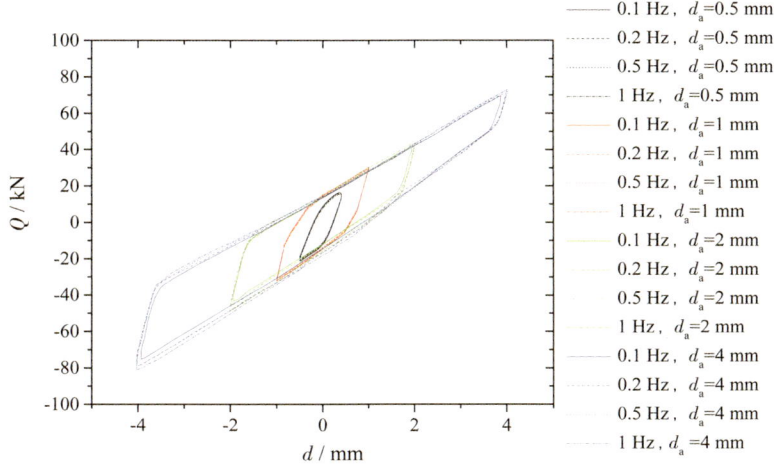

图 7-3-9　模型 B 碟形弹簧的荷载-位移曲线
（加载预压量 14 mm）

① 在相同的加载频率、加载预压量及动荷载幅值下，模型 A 的荷载-位移（Q-d）滞回环所包含的面积明显大于模型 B 滞回环所包含的面积，且更为饱满，因此模型 A 的耗能能力明显优于模型 B 的耗能能力，其原因为支座中的黏弹性阻尼层增加了模型 A 的耗能能力。

② 在相同的加载预压量及动荷载幅值下，随着加载频率的增加，模型 A 和 B 的滞回曲线变化较小。由 7.3.1 节的分析可知，模型 A 的阻尼力包括黏性阻尼力、库伦阻尼力和黏弹性阻尼力。与模型 A 相比，模型 B 的阻尼力缺少了黏弹性阻尼力，由于模型 B 的滞回曲线受加载频率的影响较小，因此模型 B 的黏性阻尼力所占比重较小，库伦阻尼力占主要部分。由于黏弹性阻尼层的阻尼力受加载频率的影响较小，因此模型 A 的滞回曲线同样表现为受加载频率的影响较小。

③ 在相同的加载预压量及加载频率下，随着动荷载幅值的增加，模型 A 的滞回曲线饱满度逐渐减小，因加、卸载刚度不同呈明显不对称性形状；随着动荷载幅值的增加，模型 B 的滞回曲线形状

不对称性明显增强。模型 B 的阻尼力主要来自碟形弹簧片之间的摩擦力，而摩擦力的大小与压力有关，在动荷载作用下，加载时压力增大，使摩擦阻尼力增大，曲线趋于饱满；卸载时，随着碟形弹簧的竖向压缩变形量的减小，其变形能减小，同时叠合的碟簧片之间产生的表面摩擦阻尼也减小，滞回曲线趋于细长，从而导致模型 B 的滞回曲线具有明显的不对称性。由于模型 A 中的黏弹性阻尼层受动荷载幅值的影响较小，结合模型 B 滞回曲线的特点，模型 A 的滞回曲线表现为随着动荷载幅值的增加，饱满度逐渐减小。

④ 在相同的加载频率及动荷载幅值下，随着加载预压量的增加，模型 A 和模型 B 的滞回曲线趋于饱满，表明模型 A 和 B 的耗能能力随着加载预压量的增大显著增强。随着加载预压量的增大，碟形弹簧组承受的竖向荷载逐渐增加，碟形弹簧发生的竖向变形越大，产生的库伦摩擦耗能和变形能越大，从而导致模型 A 和模型 B 的滞回曲线随着加载预压量的增加趋于饱满。

等效刚度和等效阻尼比为衡量隔震装置隔震性能的重要参数。模型 A 和模型 B 的等效刚度的结果如图 7-3-10 所示。由图可知：

① 在相同的加载预压量及动荷载幅值下，随着加载频率的增加，模型 A 和模型 B 的等效刚度逐渐增大，但增加幅度较小。

② 在相同的加载预压量及加载频率下，随着动荷载幅值的增大，模型 A 和模型 B 的等效刚度逐渐增大。当动荷载幅值为 0.5 mm 时，模型 B 和模型 A 的等效刚度之间的差距较小，随着动荷载幅值的增加，两模型等效刚度之间的差距逐渐增大。

③ 在相同的动荷载幅值及加载频率下，随着加载预压量的增加，模型 A 和模型 B 的等效刚度逐渐增大，加载预压量为 14 mm 时模型 A 的竖向刚度明显高于加载预压量为 10 mm 时的竖向刚度。

④ 由于模型 A 中增加了黏弹性阻尼层，在相同的加载频率、动荷载幅值和加载预压量下，模型 A 的等效刚度大于模型 B 的等效刚度。

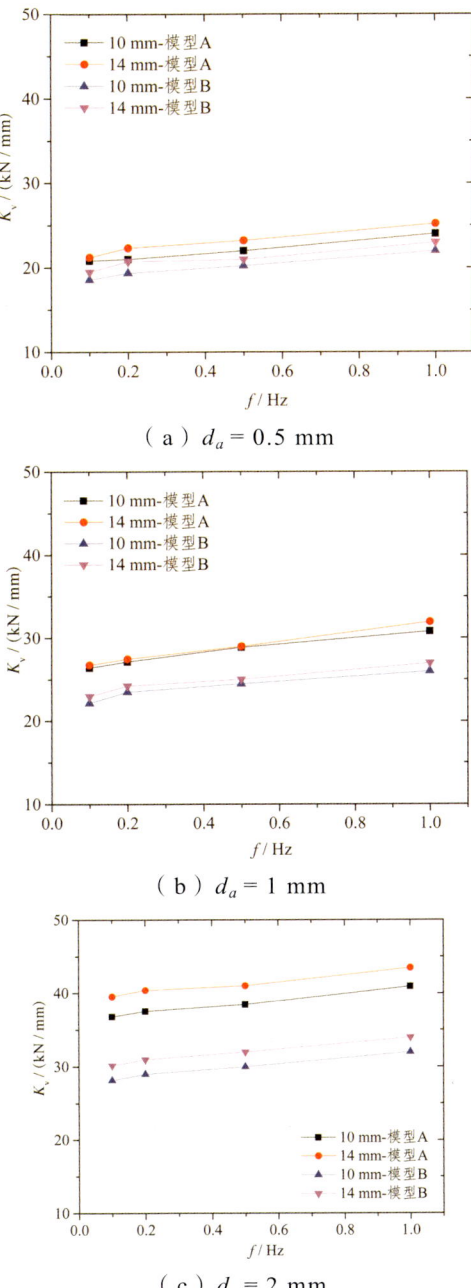

（a）$d_a = 0.5$ mm

（b）$d_a = 1$ mm

（c）$d_a = 2$ mm

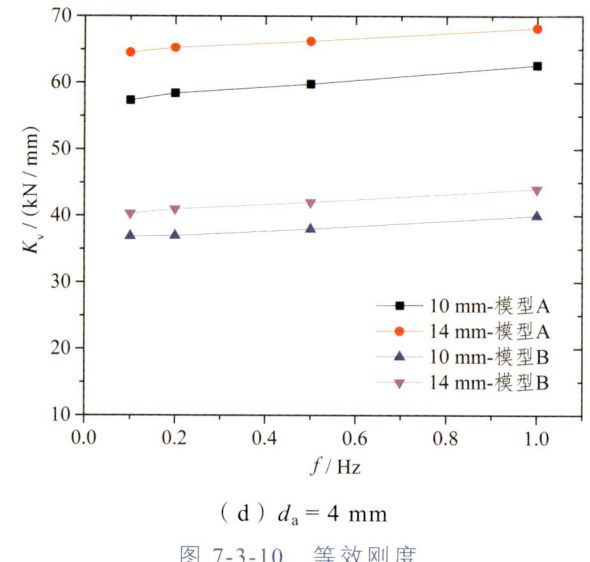

（d）d_a = 4 mm

图 7-3-10　等效刚度

模型 A 和模型 B 的等效阻尼比的结果如图 7-3-11 所示。由图可知：

① 在相同的加载预压量及动荷载幅值下，随着加载频率的增加，模型 A 和模型 B 的等效阻尼比逐渐增大，但增加幅度较小。模型 B 的阻尼力一部分是黏性阻尼力，其大小与加载频率成正比；另一部分为库伦阻尼力，加载频率的变化对库伦阻尼影响不大；由于模型 B 的等效阻尼比表现为随着加载频率的增加而略微增加，因此模型 B 的竖向阻尼主要来自碟形弹簧之间的摩擦。对于模型 A，由于黏弹性阻尼受加载速率的影响较小，因此模型 A 的等效阻尼比同样表现为随着加载频率的增加呈略微增大趋势。

② 在相同的加载预压量及加载频率下，随着动荷载幅值的增大，模型 A 和模型 B 的等效阻尼比逐渐增大。其原因为随着动荷载幅值的增大，模型 A 和模型 B 荷载-位移滞回曲线的饱满度逐渐增大，因此模型 A 和模型 B 的等效阻尼比逐渐增大。

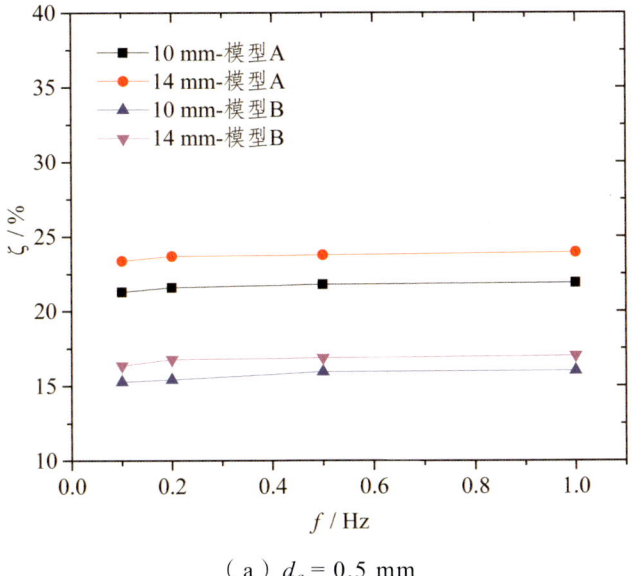

（a）d_a = 0.5 mm

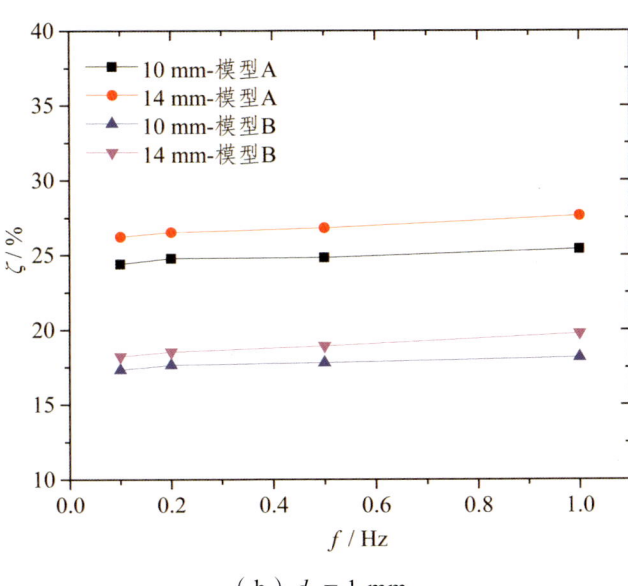

（b）d_a = 1 mm

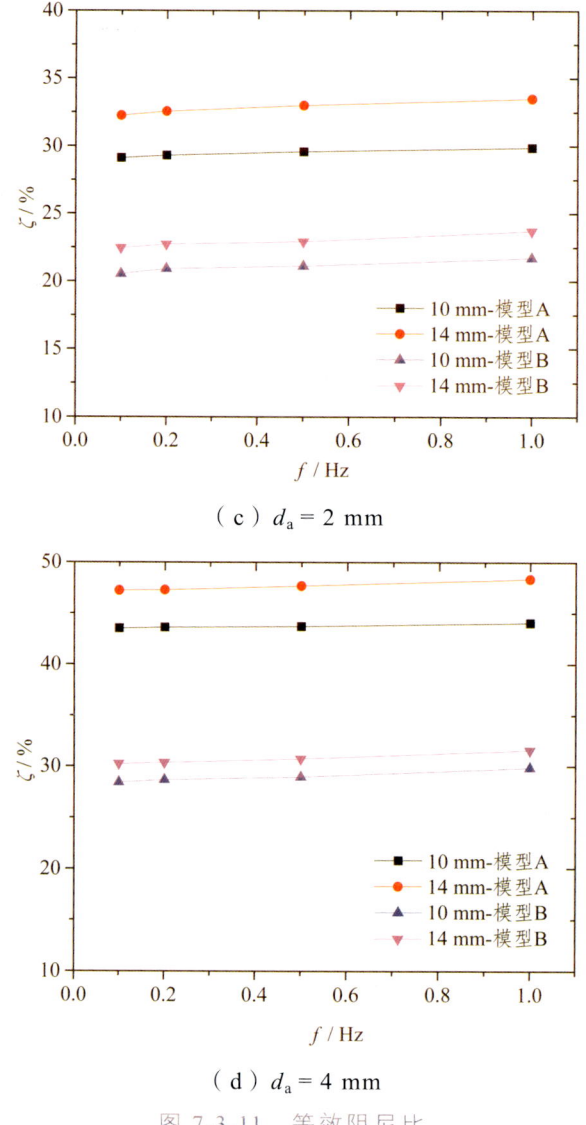

（c）$d_a = 2$ mm

（d）$d_a = 4$ mm

图 7-3-11　等效阻尼比

③ 在相同的动荷载幅值及加载频率下，随着加载预压量的增大，模型 A 和模型 B 的等效阻尼比逐渐增大。其原因为加载预压量的增大会显著增大模型 A 和模型 B 荷载-位移滞回环的面积，因此

随着加载预压量的增加，模型 A 和模型 B 的等效阻尼比逐渐增大。

④ 在相同的加载频率、动荷载幅值和加载预压量下，模型 A 的等效阻尼比明显大于模型 B 的等效阻尼比。当动荷载幅值为 0.5 mm 时，模型 B 和模型 A 的等效阻尼比之间的差距较小，随着动荷载幅值的增加，两模型等效阻尼比之间的差距逐渐增大。

7.3.3　碟形弹簧复合隔震支座数值模拟

1. 单元类型

利用 ABAQUS 软件实现数值分析，碟形弹簧复合隔震支座的碟形弹簧采用 8 节点六面体线性减缩积分单元（C3D8R）模拟，黏弹性材料采用三维 8 节点六面体杂交单元（C3D8H）进行模拟。

2. 材料本构模型

碟形弹簧材料为 64Si2MnA，对应材料的屈服强度设计值为 1 400 N/mm^2，材料弹性模量取 $E = 2.06 \times 10^6$ N/mm^2，泊松比取 $\mu = 0.3$。内外导杆及上下连接板均采用刚性材料进行模拟。

采用五项二阶多项式模型（Polynomial）计算黏弹性橡胶材料的应变能函数 W

$$W = \sum_{i+j=1}^{N} C_{ij}(\overline{I}_1 - 3)^i (\overline{I}_2 - 3)^j \tag{7-3-3}$$

式中　$\overline{I}_1$，$\overline{I}_2$ ——偏应变不变量。

模型中各参数取值为 $N = 2$，$C_{10} = 0.238$，$C_{01} = 0.011\ 9$，$C_{20} = 0.004\ 10$，$C_{11} = 0.001\ 01$，$C_{02} = 2.807 \times 10^{-5}$。黏弹性材料的泊松比取 $0.499\ 7$。

3. 接触单元定义

碟形弹簧工作时上下连接板、外导杆与碟形弹簧间均会产生摩擦力。考虑碟形弹簧与外导杆间接触摩擦较小，仅考虑碟形弹簧与上下连接板及碟形弹簧间的接触摩擦。基于普通碟形弹簧隔震支座静力加载试验数据，计算碟形弹簧锥面间摩擦系数等效值，并用于碟形弹簧复合隔震支座承受动荷载的数值模拟。碟形弹簧与上下连接板间摩擦系数值为 0.6，碟形弹簧锥面间摩擦系数为 0.2。碟形弹簧间的法向接触作用采用有限元软件 ABAQUS 中的硬接触单元进行模拟，碟形弹簧间的切向接触作用采用 ABAQUS 中的库伦摩擦单元进行模拟，碟形弹簧复合隔震支座的有限元模型如图 7-3-12 所示。

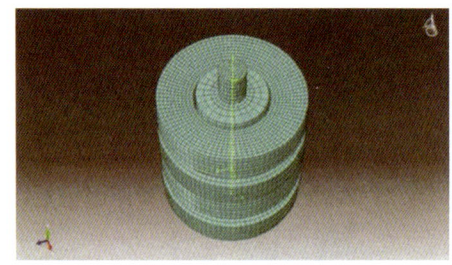

图 7-3-12　碟形弹簧复合隔震支座有限元模型

4. 边界单元与加载方式

通过设置点-面接触直接对控制点进行位移加载，模拟上连板加载方式；为控制碟形弹簧加载中侧向移动，在碟形弹簧下缘对称的两节点进行水平向约束。

5. 试验结果与数值模拟结果的对比分析

图 7-3-13 所示为竖向静力荷载作用下模型 A 荷载-位移滞回曲线试验结果和数值模拟结果的比较。由图可知，在竖向静力荷载作用下，模型 A 荷载-位移滞回曲线的模拟值与试验值有相似的曲线特征，两者的极限承载力相近，仅在初始加载与最后卸载时，刚度变化有所差异，吻合度较差。

图 7-3-14 所示为动荷载作用下模型 A 荷载-位移滞回曲线试验

结果和数值模拟结果的比较,限于篇幅仅列出工况 6、工况 10 和工况 24 的计算结果。由图可知,在动荷载工况下,模型 A 荷载-位移滞回曲线的模拟值与试验值具有相似的曲线特征,数值模拟的结果与试验结果吻合较好。表 7-3-5 为模型 A 和模型 B 的等效刚度和等效阻尼比的试验结果与数值模拟结果的比较,由表可知,数值模拟的结果与试验结果符合较好,误差均在 10%内。

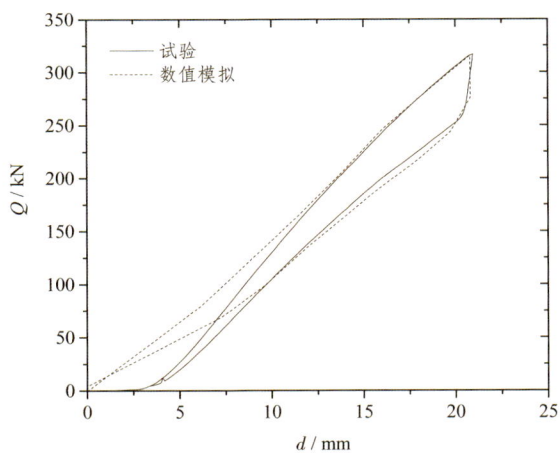

图 7-3-13　静荷载作用下试验值和模拟值的比较

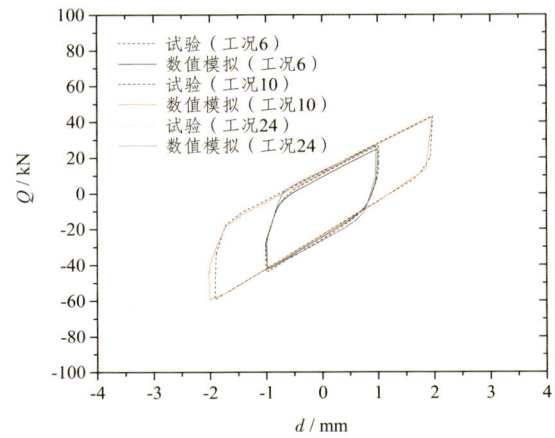

图 7-3-14　动荷载作用下试验值和模拟值的比较

表 7-3-5 等效刚度和等效阻尼比

d_y/mm	参数		d_a/mm			
			0.5	1	2	4
10	k_v/kN/mm	试验	36.91	40.33	57.33	64.51
		模拟	37.30	43.23	55.53	67.32
		误差/%	1.06	7.19	−3.14	4.36
	ζ	试验	28.41	30.22	43.52	47.25
		模拟	29.34	32.45	41.45	45.75
		误差/%	3.27	7.38	−4.76	−3.17
14	k_v/kN/mm	试验	28.17	30.17	36.80	39.53
		模拟	26.16	32.47	33.23	37.53
		误差/%	−7.14	7.62	−9.70	−5.06
	ζ	试验	20.52	22.44	29.12	32.24
		模拟	22.12	24.24	28.34	33.65
		误差/%	7.80	8.02	−2.68	4.37

7.3.4 结 论

为了提高普通碟形弹簧隔震支座的耗能能力，将普通碟形弹簧隔震支座与黏弹性阻尼材料相结合，形成碟形弹簧复合隔震支座。对碟形弹簧复合隔震支座进行静力和动力往复加载试验，考察加载预压量、动荷载幅值和加载频率对其力学性能的影响。试验结果表明，黏弹性阻尼材料能够有效提高普通碟形弹簧隔震支座的耗能能力；加载频率对其等效刚度和等效阻尼比影响较小；动荷载幅值和加载预压量对其等效刚度和等效阻尼比成正相关关系；黏弹性阻尼耗能及库伦阻尼耗能占碟形弹簧复合隔震支座耗能的主要部分，黏性阻尼耗能占其耗能的比重较小。利用 ABAQUS 软件建立碟形弹簧复合隔震支座的精细化数值模型，对其承受静力和动力荷载的力学行为进行数值模拟。数值模拟结果表明，C3D8R 单元和 C3D8H 单元能够有效模拟碟形弹簧复合隔震支座中，碟形弹簧和黏弹性阻尼材料的力学行为。

① 碟形弹簧复合隔震支座比普通碟形弹簧隔震支座具有更大的竖向承载力与竖向刚度，究其原因为黏弹性阻尼层增加了碟形弹簧复合隔震支座的竖向承载力和竖向刚度。

② 黏弹性阻尼层能够有效提高普通碟形弹簧隔震支座的耗能能力；加载预压量和动荷载幅值与碟形弹簧复合隔震支座的等效刚度和等效阻尼比成正相关关系；加载频率对碟形弹簧复合隔震支座的等效刚度和等效阻尼比影响较小。

③ 黏弹性阻尼耗能及库伦阻尼耗能占碟形弹簧复合隔震支座耗能的主要部分，黏性阻尼耗能占其耗能的比重较小。

④ 在竖向静载和动荷载作用下，碟形弹簧复合隔震支座模拟与试验的荷载-位移滞回曲线特征相似，极限荷载相近。

7.4 超大型黏弹性阻尼墙力学性能试验研究

近年来，越来越多的研究表明黏弹性阻尼装置能提供建筑结构相应的阻尼比，从而降低层间剪力、层间位移和楼层加速度。这对提高建筑结构的安全性能发挥了良好作用，在这些动力反应中，其中加速度的反应是人们最为敏感的，试验表明，当加速度反应大于 5 cm/s^2 时，人们开始有点感应，当大于 20 cm/s^2 时，会觉察到不适，因此，黏弹性阻尼装置在保证人们舒适度方面的功能也越来越被重视。黏弹性阻尼装置构造型式众多，从 20 世纪 60 年代世界上第一个用于建筑的黏弹性阻尼装备产生以来至今，出现了有关该装置的大量研究成果和实践工程。

由文献分析可知，目前在黏弹性阻尼装置研究中存在以下问题：① 对黏弹性阻尼装置所用的耗能材料尚缺乏相关的试验研究分析，对黏弹性材料的温度相关性缺少试验支撑数据。通常情况下，黏弹性阻尼装置的温度相关性采取设置保温箱的形式进行试验。② 常用的方柱形黏弹性阻尼器支撑的形式应用于建筑层间，其应用范围受到了较大的限制，而黏弹性阻尼墙可较好地适应建筑的需要，但国内外有关黏弹性阻尼墙的研究尤其是试验研究开展得很少，这在很大程度上限制了其在实际工程中的应用。③ 黏弹性阻尼装置的试验加载模式普遍采用平行于长轴向施加循环荷载，为了更符合构件在实际受荷状况下的模型，本节设计了一种新式加载方法，即短轴向剪切加载。④ 传统的黏弹性阻尼构件力学性能分析集中在模量和损耗因子两方面，而对于构件的其他力学性能如储存刚度、损耗刚度和等效阻尼系数等则缺乏应有的分析。基于上述分析，本书相对应进行了以下两方面研究：开展了本次黏弹性减震构件所用阻尼材料的动态力学试验；设计了一种"5+4"式即5层钢板夹4层黏弹性材料的超大型阻尼墙足尺模型，并对其开展了一系列相关试验研究。

7.4.1 黏弹性阻尼墙构件规格

本次设计试验用的"5+4"式新型黏弹性阻尼墙为足尺构件，其构造及尺寸如图 7-4-1 所示，其中 4 层黏弹性材料层每层厚度为 10 mm，中间钢板为 20 mm，两侧 4 块钢板皆为 12 mm。黏弹性阻尼墙截面有效尺寸为 500 mm×500 mm，黏弹性材料层覆占总面积共 10 000 mm^2，中间钢板及外侧钢板上下各延出 200 mm，总尺寸 900 mm×500 mm。

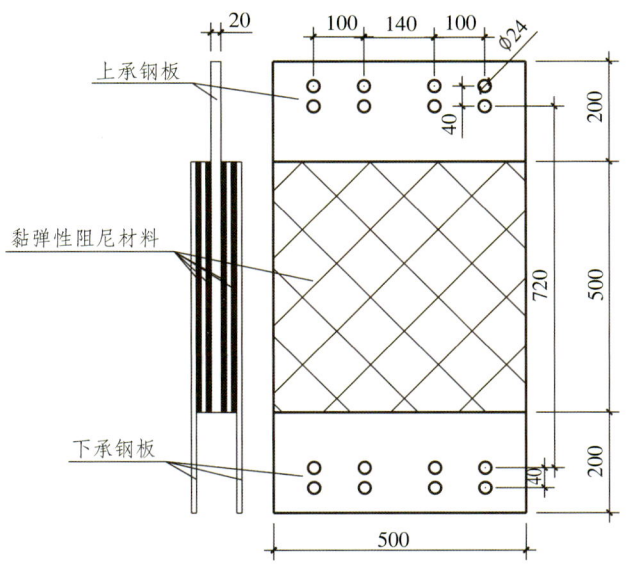

图 7-4-1 "5＋4"式超大型黏弹性阻尼墙尺寸图（单位：mm）

7.4.2 短轴向剪切加载装置设计及系统

1. 加载装置设计

由上述构件尺寸及规格可设计出如下加载装置 3D 示意图（见图 7-4-2），由底部固定支架（紫色部分）和上端施载夹具（绿色部分）构成，中间红色部分为黏弹性阻尼墙构件。

图 7-4-2 加载装置 3D 示意图

2. 试验加载系统及数据采集装置

试验在电液伺服试验机上进行,试验机动力油源由高压氮气瓶和美国拓步公司 PA30-240 型活塞储能组成。已安装到位的试验装置立面、平面、侧面场地如图 7-4-3 所示。

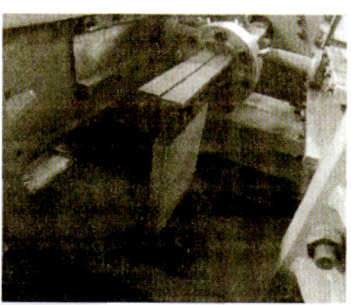

图 7-4-3　已安装到位的黏弹性阻尼墙试验装置立面、平面、侧面场地

7.4.3　试验工况及构件阻尼性能评价方法

1. 加载工况

按照《建筑消能阻尼器》行业标准规定,加载 5 个循环,并取第 3 个滞回圈为试验标准曲线。试验在室温条件下进行,并考虑频率相关性和位移幅值相关性,试验工况选用了 0.5 Hz、1.0 Hz、1.5 Hz、2.0 Hz 四种频率和 22.5 mm、30.0 mm、37.5 mm、45.0 mm、60.0 mm 五种位移幅值。

力-位移滞回曲线试验在室温（当场测量显示温度为 21.2 °C）条件下进行。图 7-4-4 所示曲线组为黏弹性阻尼墙分别在频率 0.5 Hz、1.0 Hz、1.5 Hz、2.0 Hz 工况下，22.5 mm、30.0 mm、37.5 mm、45.0 mm、60.0 mm 五种位移幅值的力-位移滞回曲线。由图可知，滞回环并非光滑的椭圆，而是出现了棱角，说明组成该阻尼墙的黏弹性材料分子之间及分子-填充料之间的摩擦阻尼单元产生的黏滞性为主体。

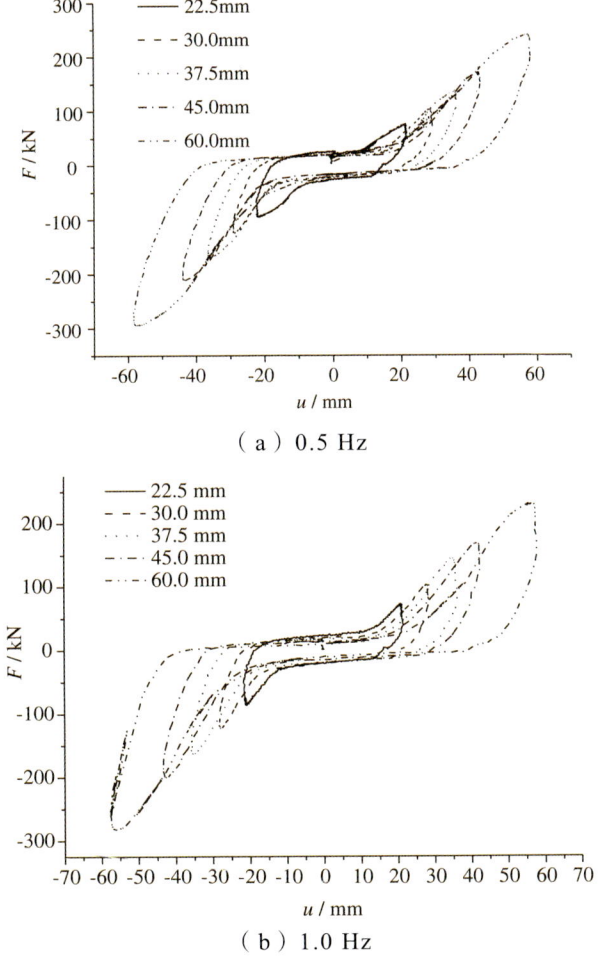

（a）0.5 Hz

（b）1.0 Hz

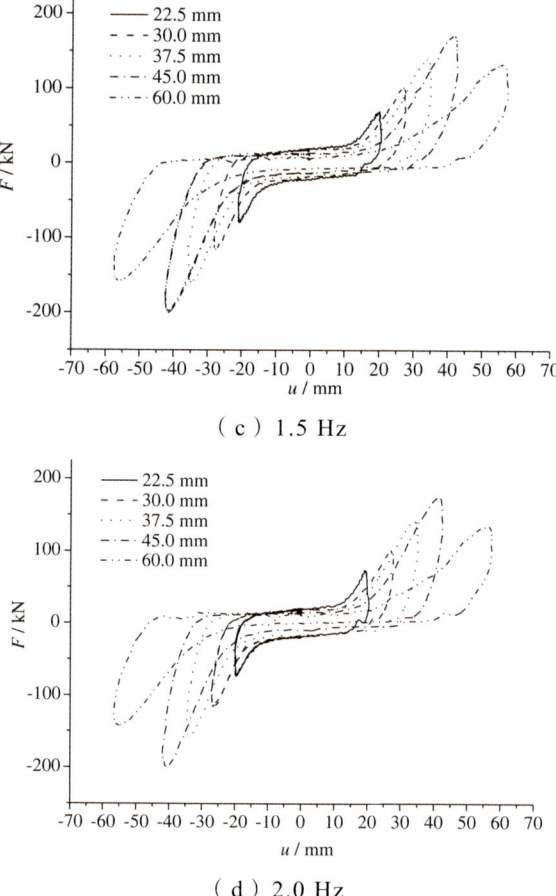

(c) 1.5 Hz

(d) 2.0 Hz

图 7-4-4 黏弹性阻尼墙在室温控制下、
每组频率不同位移幅值的力-位移滞回曲线

7.4.4 力学性能指标分析

由试验得出的滞回曲线组（如图 7-4-5 和图 7-4-6），并计算得出黏弹性阻尼墙的列力学性能指标如下。

1. 最大阻尼力

（1）位移相关性分析：图 7-4-5 所示为在频率 0.5 Hz、1.0 Hz、

1.5 Hz、2.0 Hz 工况下，最大阻尼力随各位移幅值的变化曲线。

（2）频率相关性分析：图 7-4-6 所示为在位移幅值 22.5 mm、30.0 mm、37.5 mm、45.0 mm、60.0 mm 工况下，最大阻尼力随各频率的变化曲线。

最大阻尼力为当黏弹性阻尼墙构件达到某一位移幅值时构件所能承受的最大荷载。由图可知，当频率为 0.5 Hz、位移幅值为 60.0 mm 时，构件出现最大阻尼力峰值，大小为 241.5 kN。4 种频率下最大阻尼力的增长斜率基本保持一致，当频率低于 1.0 Hz 时，最大阻尼力呈单调增长模式，当频率为 1.5 Hz 和 2.0 Hz 时，最大阻尼力在位移幅值达到 45 mm 前单调递增，大于 45 mm 后，则单调递减，呈抛物线型变化。对于最大阻尼力的频率相关性来说，除位移幅值为 60.0 mm 外，整个频率段的最大阻尼力保持不变。

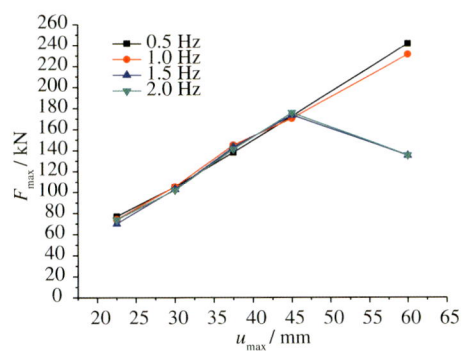

图 7-4-5　最大阻尼力的位移相关性分析

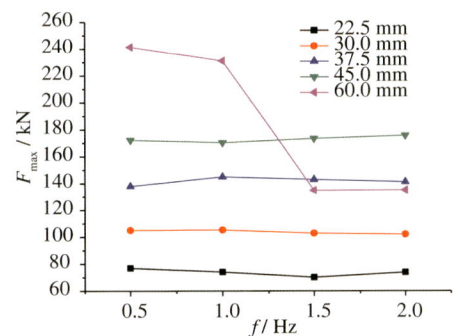

图 7-4-6　最大阻尼力的频率相关性分析

2．存储刚度

（1）位移相关性分析：图 7-4-7 所示为在频率 0.5 Hz、1.0 Hz、1.5 Hz、2.0 Hz 工况下，存储刚度随各位移幅值的变化曲线。

（2）频率相关性分析：图 7-4-8 所示为在位移幅值 22.5 mm、30.0 mm、37.5 mm、45.0 mm、60.0 mm 工况下，存储刚度随各频率的变化曲线。

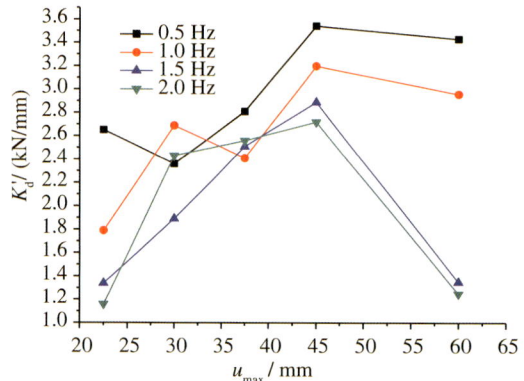

图 7-4-7　存储刚度的位移相关性分析

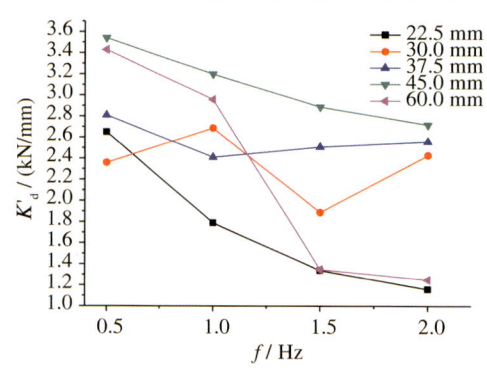

图 7-4-8　存储刚度的频率相关性分析

存储刚度"K'_d"即等效刚度，定义为构件的最大弹性力（最大位移时的荷载）与最大位移的比值。它反映了黏弹性阻尼墙构件在能量转换方面的能力。从图可知，每种频率工况下构件的存储刚度随位移幅值呈抛物线型变化，4 种频率下皆当位移幅值为 45.0 mm 时存储刚度达到最大，最大值随着频率的增大而减小，当频率最小（0.5 Hz）时存储刚度达到最大，此时存储刚度值为 3.54 kN/mm，当频率最大（2.0 Hz）时达到最小，此时存储刚度值为 2.7 kN/mm。从图 7-4-8 的整个趋势来看，除位移幅值 30.0 mm 和 37.5 mm 两种情况出现偏差外，其他位移幅值工况下构件的存储刚度则随频率呈单调递减变化。

3. 损耗刚度

（1）位移相关性分析：图 7-4-9 所示为在频率 0.5 Hz、1.0 Hz、1.5 Hz、2.0 Hz 工况下，损耗刚度随各位移幅值的变化曲线。

（2）频率相关性分析：图 7-4-10 所示为在位移幅值 22.5 mm、30.0 mm、37.5 mm、45.0 mm、60.0 mm 工况下，损耗刚度随各频率的变化曲线。

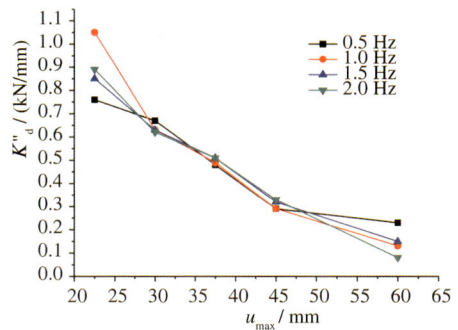

图 7-4-9　损耗刚度的位移相关性分析

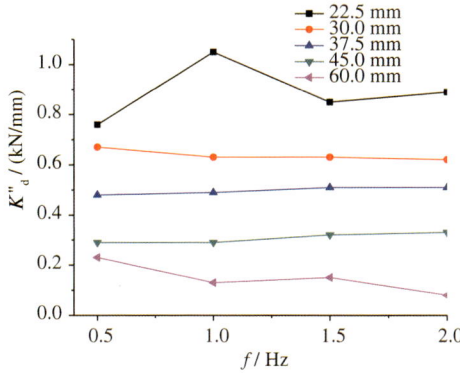

图 7-4-10　损耗刚度的频率相关性分析

损耗刚度"K_d''"定义为构件的最大黏滞力（零位移时的荷载）与最大位移的比值。它反映了黏弹性阻尼墙构件在能量损耗方面的能力。从图可知，在每种频率下，构件损耗刚度皆随位移幅值的增大呈单调递减变化，递减率几乎保持一致。而对于损耗刚度的频率相关性分析来看，除最大位移幅值 60.0 mm 外，其他位移幅值与频率几乎零相关。

4. 等效阻尼系数

（1）位移相关性分析：图 7-4-11 所示为在频率 0.5 Hz、1.0 Hz、1.5 Hz、2.0 Hz 工况下，等效阻尼系数随各位移幅值的变化曲线。

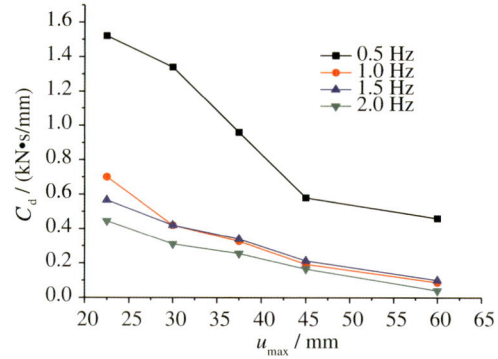

图 7-4-11　等效阻尼系数的位移相关性分析

（2）频率相关性分析：图 7-4-12 所示为在位移幅值 22.5 mm、30.0 mm、37.5 mm、45.0 mm、60.0 mm 工况下，等效阻尼系数随各频率的变化曲线图。

等效阻尼系数"C_d"。即等效黏滞系数，定义为损耗刚度与加载频率的比值。由此定义可知，等效阻尼系数在某种程度上与损耗刚度保持一定的关联，在位移相关性上，在每种频率下，构件等效阻尼系数皆随位移幅值的增大呈单调递减变化，当频率为 0.5 Hz 时等效阻尼系数远大于其他频率时的等效阻尼系数。但等效阻尼系数在频率相关性上则与损耗刚度不同，在每种位移幅值工况下，等效阻尼系数随着频率的增加也在逐渐减小,其中在频率为 0.5 Hz、位移幅值为 22.5 mm 时等效阻尼系数达到最大,最大值为 1.52 kN·s/mm。

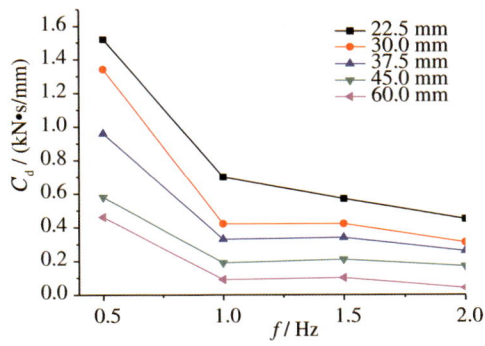

图 7-4-12　等效阻尼系数的频率相关性分析

5. 剪切储存模量

（1）位移相关性分析：图 7-4-13 所示为在频率 0.5 Hz、1.0 Hz、1.5 Hz、2.0 Hz 工况下,剪切储存模量随各位移幅值的变化曲线。

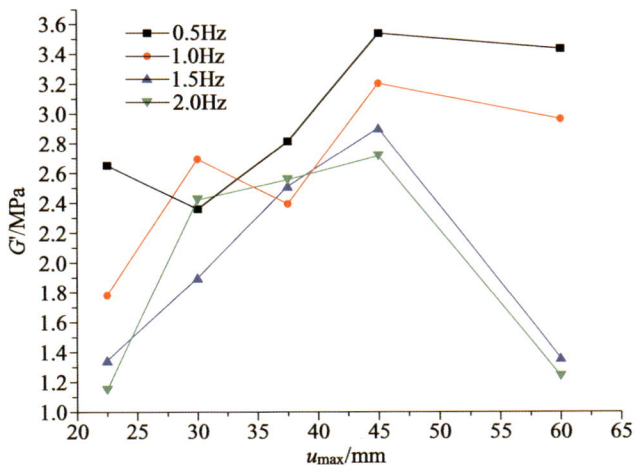

图 7-4-13　剪切储存模量的位移相关性分析

（2）频率相关性分析：图 7-4-14 所示为在位移幅值 22.5 mm、30.0 mm、37.5 mm、45.0 mm、60.0 mm 工况下,剪切储存模量随各频率的变化曲线。

剪切储存模量"G'"定义为存储刚度与黏弹性材料层厚度的乘积再与黏弹性材料受剪面积的比值。从该定义可知，剪切储存模量的位移相关性和频率相关性与存储刚度保持高度一致。从图 7-4-13 可知，每种频率工况下构件的剪切储存模量随位移幅值呈抛物线型变化，4 种频率下皆当位移幅值为 45.0 mm 时剪切储存模量达到最大，最大值随着频率的增大而减小，当频率最小时（0.5 Hz）剪切储存模量达到最大，最大值为 3.54 MPa，当频率最大时（2.0 Hz）剪切储存模量达到最小，最小值为 2.70 MPa。从图 7-4-14 的整个趋势来看，除位移幅值为 30.0 mm 和 37.5 mm 两种工况出现偏差外，其他位移幅值工况下构件的剪切储存模量则随频率呈单调递减变化。

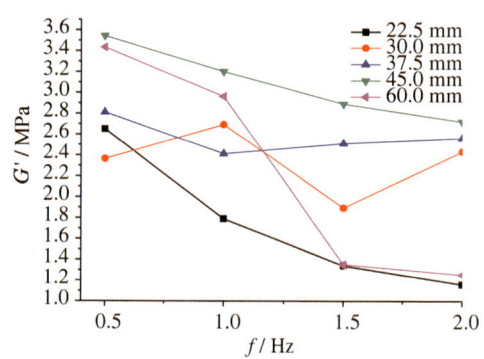

图 7-4-14 剪切储存模量的频率相关性分析

6. 剪切损耗模量

（1）位移相关性分析：图 7-4-15 所示为在频率 0.5 Hz、1.0 Hz、1.5 Hz、2.0 Hz 工况下，剪切损耗模量随各位移幅值的变化曲线。

（2）频率相关性分析：图 7-4-16 所示为在位移幅值 22.5 mm、30.0 mm、37.5 mm、45.0 mm、60.0 mm 工况下，剪切损耗模量随各频率的变化曲线。

剪切损耗模量"G''"定义为损耗刚度与黏弹性材料层厚度的乘积再与黏弹性材料受剪面积的比值。从该定义可知，剪切储存模量的位移相关性和频率相关性与损耗刚度保持高度一致。从图 7-4-16 可知，在每种频率下，构件剪切损耗模量皆随位移幅值的增大呈单调递减变化，递减率几乎保持一致。而从剪切损耗模量的频率相关性分析来看，除最大位移幅值 60.0 mm 外，其他位移幅值工况下，剪切损耗模量与频率几乎零相关。

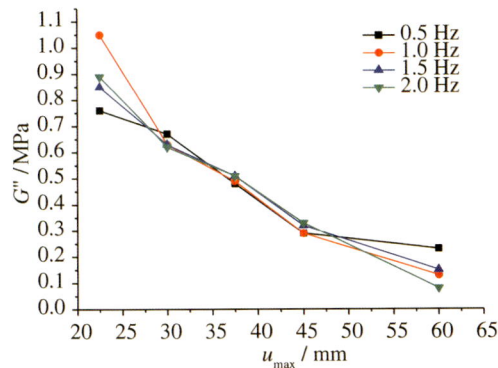

图 7-4-15　剪切损耗模量的位移相关性分析

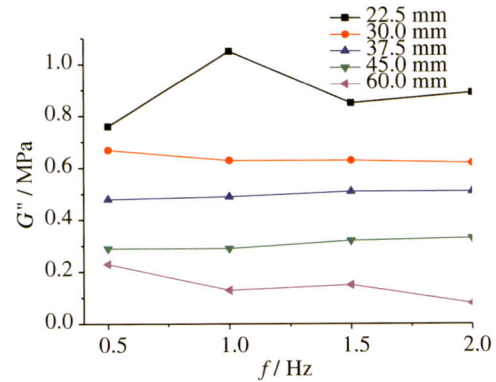

图 7-4-16　剪切损耗模量的频率相关性分析

7. 损耗因子

（1）位移相关性分析：图 7-4-17 所示为在频率 0.5 Hz、1.0 Hz、

1.5 Hz、2.0 Hz 工况下，损耗因子随各位移幅值的变化曲线。

（2）频率相关性分析：图 7-4-18 所示为在位移幅值 22.5 mm、30.0 mm、37.5 mm、45.0 mm、60.0 mm 工况下，损耗因子随各频率的变化曲线。

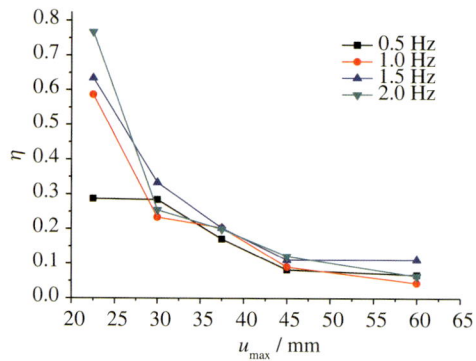

图 7-4-17　损耗因子的位移相关性分析

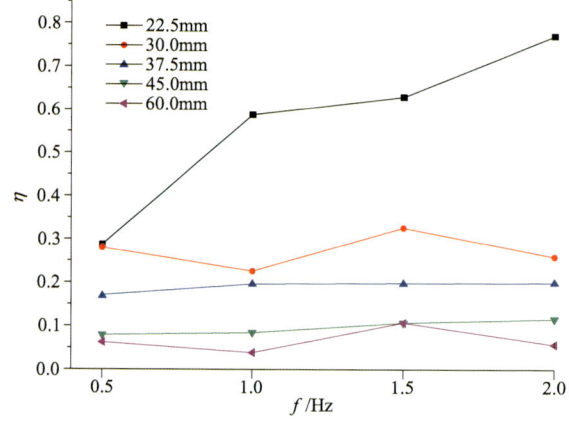

图 7-4-18　损耗因子的频率相关性分析

损耗因子"η"，即损失系数，定义为损失刚度与存储刚度之比，即最大黏滞力（零位移时的荷载）与最大弹性力（最大位移时的荷载）的比值。从图 7-4-17 可知，损耗因子在 4 种频率工况下，其值皆随着位移幅值的增大而减小，当频率为 2.0 Hz、位移幅值为 22.5 mm 情况下出现峰值（0.77），处于一个比较高的状态。

7.4.5 小　结

对本次设计的 5 层钢板夹 4 层黏弹性材料的超大型壁式阻尼墙足尺模型进行了底端固定、短轴向激振加载模式的试验，取得的主要成果包括：

（1）通过直接对黏弹性阻尼材料进行频率扫描试验，可间接得出黏弹性阻尼墙构件随温度的变化规律，更精确和直观。

（2）等效阻尼系数与频率呈递减关系，最大阻尼力、损耗刚度、损耗因子和剪切损耗模量与频率则呈现零相关度，存储刚度、剪切储存模量则在位移幅值为 30.0 mm 和 37.5 mm 时，随着频率的升高先减后增。

（3）存储刚度和剪切储存模量与位移幅值呈抛物线型变化，当位移幅值达到 45.0 mm、频率为 0.5 Hz 时达到峰值，分别为 3.54 kN/mm 和 2.7 MPa；损耗刚度、损耗因子和剪切损耗模量则与位移呈单调递减变化；当频率为 0.5 Hz 和 1.0 Hz 时，最大阻尼力呈单增变化，当频率升高至 1.5 Hz 和 2.0 Hz 时最大阻尼力先增后减，最大阻尼力皆在位移幅值达到 45.0 mm 时皆达到峰值，分别为 173.5 kN 和 175.7 kN。

（4）当频率为 2.0 Hz、位移幅值为 22.5 mm 情况下，损耗因子出现峰值 0.77，这与黏弹性材料频率扫描试验得出的损耗因子峰值（0.79）只有微小差别，说明设计的 "5+4" 式黏弹性阻尼墙在短轴向剪切加载模式下可较好地发挥黏弹性阻尼材料的阻尼性能，为黏弹性阻尼墙在实际工程中的应用奠定了必要的基础。

7.5　工程实例振动与噪声控制研究

7.5.1　建筑结构振动控制

1. 控制目标

（1）该项目的振动主要来自风振、地震、过站列车振动和人群移动激励振动。分析表明，设计风荷载和设防烈度地震作用下，站房结构、裙房结构、双子塔结构的动力响应能够满足设计规范要求；在三条轨道线列车进站、出站、高速通过等工况下，其所引起的振动具有楼层水平加速度较小、竖向振动加速度较大的特点。综合考虑经济和技术要求，本书以楼层竖向加速度作为主要的控制目标。

（2）对于多层站房和裙房，考虑在1层、3层、5层设置竖式黏弹性阻尼墙。

2. 具体方案

根据振动特点，采用黏弹性阻尼墙技术，该方案既能控制竖向振动，也能控制水平振动。其具体平面位置可设在填充墙位置，设置目标为提供附加等效阻尼比9%。

7.5.2 有限元模型的建立及其可靠性验证

准确可靠的有限元模型是评估结构动力响应以及提出相应振动控制设计方案的重要基础，因此本书首先基于大型商业有限元软件CSI-ETABS，建立了各结构的有限元模型，进行了模态分析和小震反应谱分析，并将其计算所得的前12阶周期和层间侧移角分布与我国设计软件PKPM的结果进行对比，验证该模型的可靠性。各结构基本动力特性及层间侧移角分布的对比如表7-5-1至表7-5-7和图7-5-1至图7-5-7所示。

从表中可以看出，ETABS和PKPM计算所得的各结构前12阶周期的相对误差大都在3%左右。从图中可以看出，两者计算所得的层间侧移角分布基本完全一致，验证了本研究建立的有限元模型的可靠性，为评估高铁和地铁激励下的结构动力响应提供了保证。

表 7-5-1 建筑前 12 阶周期对比

	T_1	T_2	T_3	T_4	T_5	T_6	T_7	T_8	T_9	T_{10}	T_{11}	T_{12}
PKPM	1.82	1.77	1.54	0.66	0.64	0.57	0.43	0.41	0.37	0.26	0.25	0.22
ETABS	1.83	1.78	1.56	0.66	0.64	0.57	0.43	0.40	0.36	0.26	0.26	0.22
相对误差	0.5%	0.4%	1.4%	−1.1%	0.2%	0.7%	−1.9%	−1.8%	−1.8%	1.4%	2.7%	0.1%

第7章

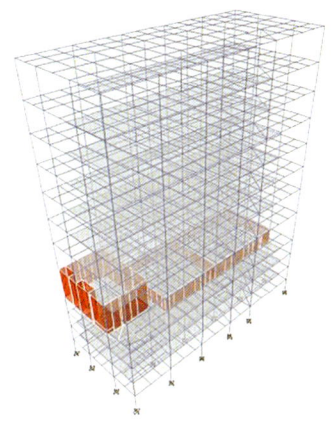

（a）模型示意

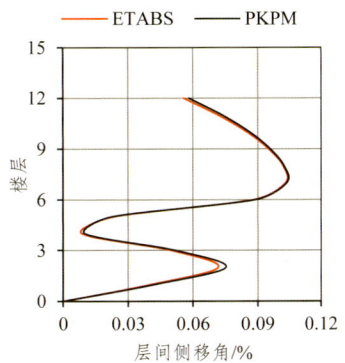

（b）X方向

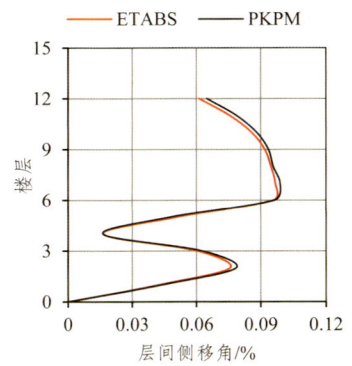

（c）Y方向

图 7-5-1　建筑模型和地震反应谱分析层间侧移角分布对比

表 7-5-2　裙房 D 前 12 阶周期对比

	T_1	T_2	T_3	T_4	T_5	T_6	T_7	T_8	T_9	T_{10}	T_{11}	T_{12}
PKPM	2.27	2.16	1.92	0.72	0.68	0.61	0.41	0.38	0.35	0.27	0.26	0.24
ETABS	2.34	2.23	1.99	0.74	0.70	0.57	0.43	0.41	0.37	0.26	0.25	0.22
相对误差	-3.2%	-3.1%	-3.8%	-2.7%	-2.6%	7.1%	-6.3%	-5.9%	-6.6%	6.4%	3.1%	5.9%

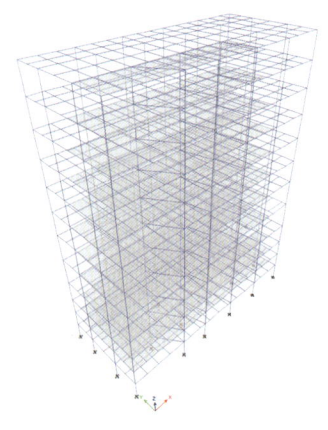

(a)模型示意 (b)X方向

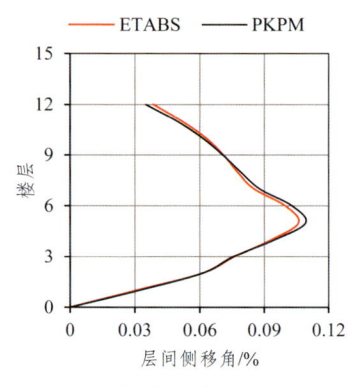

(c)Y方向

图 7-5-2 裙房 D 模型和地震反应谱分析层间侧移角分布对比

表 7-5-3 裙房 E 前 12 阶周期对比

	T_1	T_2	T_3	T_4	T_5	T_6	T_7	T_8	T_9	T_{10}	T_{11}	T_{12}
PKPM	1.39	1.31	1.12	0.85	0.76	0.67	0.31	0.27	0.24	0.23	0.22	0.21
ETABS	1.36	1.28	1.07	0.83	0.73	0.65	0.31	0.27	0.24	0.24	0.22	0.22
相对误差	-1.9%	-2.3%	-4.3%	-2.2%	-2.9%	-3.1%	0.4%	-1.1%	-0.4%	1.0%	0.2%	3.9%

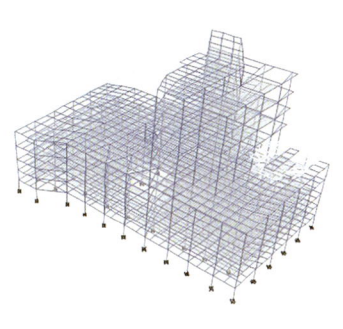

(a)模型示意

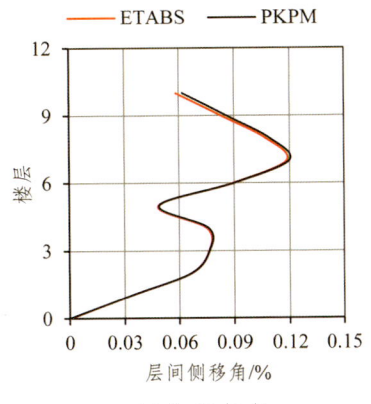

(b)X方向

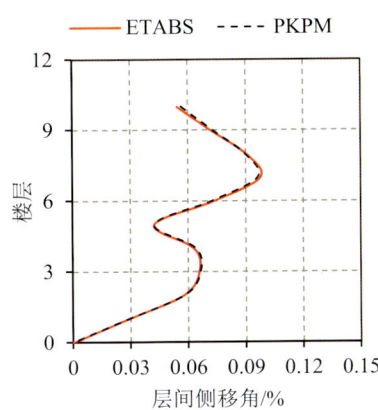

(c)Y方向

图 7-5-3　裙房 E 模型和地震反应谱分析层间侧移角分布对比

表 7-5-4　裙房 F 前 12 阶周期对比

	T_1	T_2	T_3	T_4	T_5	T_6	T_7	T_8	T_9	T_{10}	T_{11}	T_{12}
PKPM	1.86	1.68	1.39	0.81	0.78	0.50	0.42	0.39	0.31	0.26	0.23	0.21
ETABS	1.73	1.58	1.28	0.77	0.75	0.49	0.40	0.37	0.31	0.24	0.22	0.21
相对误差	-7.1%	-5.8%	-7.4%	-5.0%	-4.2%	-3.7%	-5.7%	-6.2%	0.1%	-7.6%	-4.9%	-0.8%

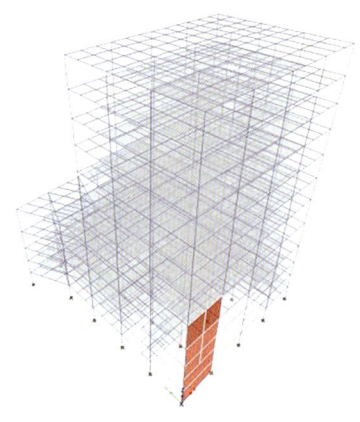

（a）模型示意图

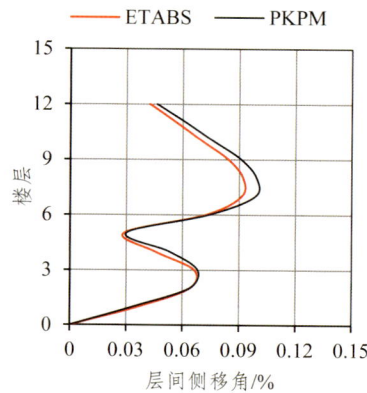

（b）X 方向

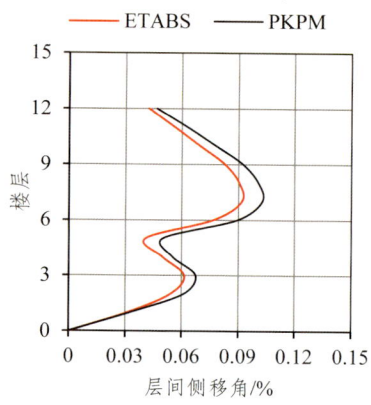

（c）Y 方向

图 7-5-4　裙房 F 模型和地震反应谱分析层间侧移角分布对比

表 7-5-5　裙房 G 前 12 阶周期对比

	T_1	T_2	T_3	T_4	T_5	T_6	T_7	T_8	T_9	T_{10}	T_{11}	T_{12}
PKPM	2.32	2.15	1.55	0.79	0.74	0.48	0.44	0.42	0.29	0.28	0.26	0.22
ETABS	2.26	2.11	1.56	0.78	0.72	0.48	0.44	0.41	0.28	0.27	0.26	0.21
相对误差	－2.6%	－1.7%	0.2%	－2.2%	－2.1%	1.2%	－0.9%	－1.4%	－2.7%	－4.2%	－1.3%	－5.4%

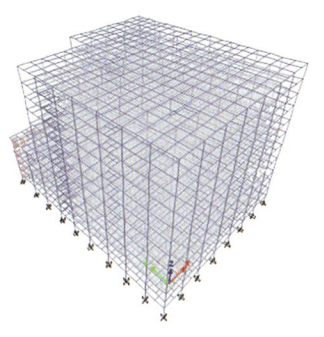

（a）模型示意图

（b）X 方向

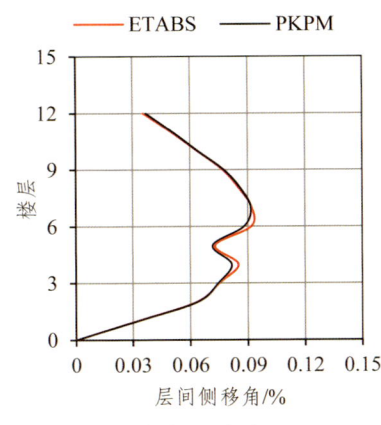

（c）Y 方向

图 7-5-5　裙房 G 模型和地震反应谱分析层间侧移角分布对比

表 7-5-6　商业 H 前 12 阶周期对比

	T_1	T_2	T_3	T_4	T_5	T_6	T_7	T_8	T_9	T_{10}	T_{11}	T_{12}
PKPM	2.31	2.12	1.91	0.85	0.78	0.73	0.46	0.43	0.41	0.29	0.28	0.27
ETABS	2.29	2.10	1.90	0.85	0.78	0.73	0.47	0.43	0.41	0.29	0.28	0.27
相对误差	－0.8%	－1.1%	－0.3%	－0.1%	－0.8%	－0.4%	0.7%	－0.1%	－0.1%	0.7%	0.3%	0.3%

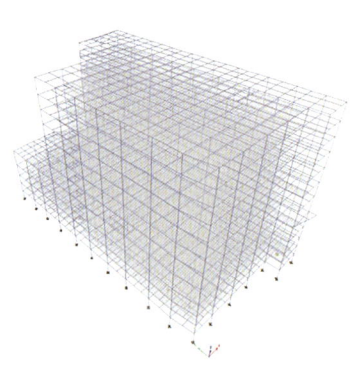

（a）模型示意图

（b）X方向

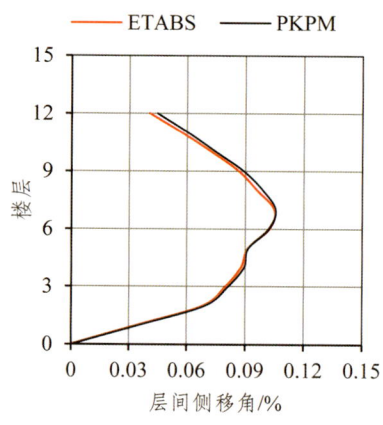

（c）Y方向

图 7-5-6　商业 H 模型和地震反应谱分析层间侧移角分布对比

表 7-5-7　商业 J 前 12 阶周期对比

	T_1	T_2	T_3	T_4	T_5	T_6	T_7	T_8	T_9	T_{10}	T_{11}	T_{12}
PKPM	2.39	2.29	1.98	0.84	0.76	0.71	0.44	0.43	0.40	0.28	0.28	0.26
ETABS	2.38	2.28	1.98	0.84	0.76	0.71	0.44	0.43	0.40	0.29	0.28	0.26
相对误差	-0.6%	-0.8%	-0.1%	-0.7%	-0.3%	0.0%	1.1%	0.4%	0.5%	0.6%	0.1%	0.5%

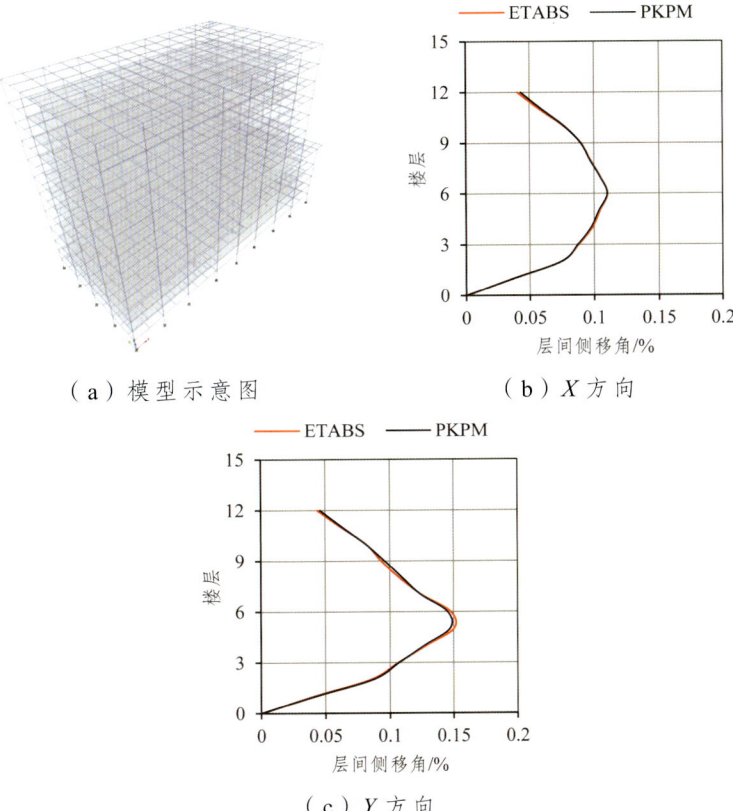

图 7-5-7 商业 J 模型和地震反应谱分析层间侧移角分布对比

注：屋顶的振动控制是站房振动控制设计的重点以及难点。

7.5.3 高铁地铁及地震激励下结构的振动控制分析

根据高铁引起结构振动的特点，采用设置黏弹性阻尼墙的方法控制结构的竖向及水平振动。黏弹性阻尼墙的设置目标为结构的等效黏滞阻尼器比增加 9%。采用本书建立的各建筑有限元模型，对地震和高铁引起的结构振动进行分析，在此基础上对黏弹性阻尼墙的振动控制效果进行评估。设置黏弹性阻尼墙的结构简称为有控结构，不设置黏弹性阻尼墙的结构简称为无控结构。具体分析过程如下：

（1）采用地铁激励对有控结构和无控结构进行动力弹性时程分析，研究黏弹性阻尼墙对地铁引起振动的控制效果。

（2）进行有控结构和无控结构的小震反应谱分析，研究黏弹性阻尼墙对地震引起结构振动的控制效果。

计算结果见表 7-5-8。从表中可以看出，黏弹性阻尼墙有效降低了各结构的地震作用和高铁地铁引起的结构振动，有效提升了结构的整体性能。黏弹性阻尼墙的减振降噪效果均达到 10 dB 以上。

表 7-5-8 各建筑振动控制效果
（有控结构响应值与无控结构响应值的比值）

	建筑 B	裙房 D	裙房 E	裙房 F	裙房 G	商业 H	商业 J
高铁地铁激励下楼板的竖向最大加速度有效值/（mm/s²）	5.1	4.4	4.2	4.9	3.7	4.7	3.8
振动加速度级/dB	74.1	72.8	72.4	73.8	71.3	73.4	71.5
有控结构/无控结构	25.1%	25.0%	28.1%	21.2%	22.2%	29.8%	22.4%
减振降噪指标/dB	12.1	10.9	10.2	13.2	10.4	10.0	10.6
地震激励下楼层的位移减震效果	20.55%	28.1%	38.4%	20.9%	12.3%	18.6%	11.8%

7.6 本章小结

（1）本章介绍了大跨站房结构高铁振动响应机理研究的重要性及最新进展。综述了高铁环境振动产生机理、列车振动荷载确定方法、上部建筑的振动评价及其减振方法。

（2）为了减小高铁运行引起的建筑振动以及地震对结构的破坏

作用，开发了一种新型三维多功能隔振支座（3D-MIB）。首先，介绍了 3D-MIB 的结构构造与工作机理，提出其设计方法；然后，利用 SAP2000 软件建立了非隔振结构及设置有 3D-MIB 隔振结构的有限元模型。对模型进行模态分析和在高铁及地震振动作用下的非线性动力时程分析，采用加速度隔震率对 3D-MIB 的隔振效果进行评价。

（3）对碟形弹簧复合隔震支座进行静力和动力往复加载试验，考察加载预压量、动荷载幅值和加载频率对其力学性能的影响。试验结果表明，黏弹性阻尼材料能够有效提高普通碟形弹簧隔震支座的耗能能力。

（4）通过超大型黏弹性阻尼墙力学性能试验研究，表明等效阻尼系数与频率呈递减关系，最大阻尼力、损耗刚度、损耗因子和剪切损耗模量与频率则呈现零相关度，存储刚度、剪切储存模量则在位移幅值为 30.0 mm 和 37.5 mm 时，随着频率的升高先减后增。

（5）黏弹性阻尼墙有效降低了各结构的地震作用和高铁地铁引起的结构振动，有效提升了结构的整体性能。黏弹性阻尼墙的设置目标为结构的等效黏滞阻尼器比增加 9%，黏弹性阻尼墙的减振降噪效果均达到 10 dB 以上。

第 8 章

高铁作用下站房结构声辐射特性及降噪措施

8.1 站房结构声辐射模型

列车通过站房时,在轮轨激励的作用下站房结构发生振动,振动着的站房地板和墙壁形成一个个声板,向周围辐射噪声。

振动平板的辐射声功率可采用式(8-1-1)计算

$$W = \iint_s I_s \mathrm{d}s \qquad (8\text{-}1\text{-}1)$$

式中 I_s——振动平板表面 S 上任意一点的声强。

在单频简谐的情况下,平面 S 上一点 Q 的声强可以表示为

$$I_s = \frac{1}{2} \mathrm{Re} \left[p_{(Q)} u_{n(Q)}^* \right] \qquad (8\text{-}1\text{-}2)$$

式中 Re——实部;
$p_{(Q)}$——Q 点的声压;
$u_{n(Q)}$——Q 点的法向振动速度;
上标*——复共轭。

对于平板结构,可以采用 Rayleigh 积分直接得到振动平板表面任意一点 Q 的声压和任意一点 M 的振动速度之间的关系

$$p_{(Q)} = \frac{\mathrm{i}\omega\rho}{2\pi} \iint_s u_{n(M)} \frac{e^{-\mathrm{i}kr_{(M,Q)}}}{r_{(M,Q)}} \mathrm{d}s \qquad (8\text{-}1\text{-}3)$$

式中　$r_{(M,Q)}$ —— 点 Q 和点 M 之间的距离；

$u_{n(M)}$ —— M 点的法向振动速度；

i —— 虚数单位；

ω —— 圆频率（rad/s）；

ρ —— 空气的密度；

k —— 波数，$k = \omega/c$，c 为声音在空气中的传播速度。

联立式（8-1-1）~式（8-1-3），可以得到振动平板辐射声功率与平板上各点法向振动速度之间的关系

$$W = \iint_s I_s \mathrm{d}s$$

$$= \iint_s \mathrm{Re}\left\{\left[\frac{\omega\rho}{4\pi}\iint_s u_{n(M)}\left[\frac{\mathrm{i}(\cos kr_{(M,Q)} - \mathrm{i}\sin kr_{(M,Q)})}{r_{(M,Q)}}\right]\mathrm{d}s\right]u_{n(Q)}^*\right\}\mathrm{d}s$$

$$= \frac{\omega\rho}{4\pi}\mathrm{Re}\left\{\iint_s\iint_s\left[\frac{u_{n(M)}(\sin kr_{(M,Q)} + \mathrm{i}\cos k_{(M,Q)})u_{n(Q)}^*}{r_{(M,Q)}}\right]\mathrm{d}s\mathrm{d}s\right\}$$

（8-4）

由于 $\mathrm{Re}(x) = (x+x^*)/2$，因此式（8-1-4）可以简化为

$$W = \frac{\omega\rho}{4\pi}\iint_s\iint_s \frac{u_{n(M)}\sin(kr_{(M,Q)})u_{n(Q)}^*}{r_{(M,Q)}}\mathrm{d}s\mathrm{d}s \tag{8-5}$$

当 M 点无限趋近于 Q 点时，由 $\lim\limits_{r \to 0}\dfrac{\sin(kr)}{r} = k$ 可知上式不存在奇异积分。为了便于分析，把平板分成许多面积很小的单元，假设每个单元上各点法向振动速度相同，通过这种离散的方法可以把平板的法向振动速度表示为如下向量的形式

$$\vec{u} = \begin{pmatrix} u_1 \\ u_2 \\ u_3 \\ \vdots \\ u_n \end{pmatrix} \tag{8-1-6}$$

式中 u_1, u_2, u_3, $\cdots$, u_n —— 各个单元表面的法向振动速度；

n —— 平板划分单元的总数。

从而可将式（8-1-5）改写为式（8-1-7）

$$W = \vec{u}^T \vec{R} \vec{u}^* \qquad (8\text{-}1\text{-}7)$$

式中 R —— 阻抗矩阵，可以表示为

$$R = \frac{\omega^2 \rho S^2}{4\pi n^2 c} \begin{bmatrix} 1 & \dfrac{\sin(kr_{2,1})}{kr_{2,1}} & \cdots & \dfrac{\sin(kr_{n,1})}{kr_{n,1}} \\ \dfrac{\sin(kr_{1,2})}{kr_{1,2}} & 1 & \cdots & \dfrac{\sin(kr_{n,2})}{kr_{n,2}} \\ \vdots & \vdots & & \vdots \\ \dfrac{\sin(kr_{1,n})}{kr_{1,n}} & \dfrac{\sin(kr_{2,n})}{kr_{2,n}} & \cdots & 1 \end{bmatrix} \qquad (8\text{-}1\text{-}8)$$

式中 S —— 平板的表面积。

式（8-1-7）反映了振动平板的辐射声功率与平板上各点的法向振动速度之间的关系，可以看出：振动平板的辐射声功率大小与平板表面各点的法向振动速度幅值有关，速度幅值越大，则辐射声功率越大。因此，降低站房结构声辐射的本质是减小站房结构的振动速度。

8.2 站房结构空腔共鸣效应

站房结构内部可以看成是一个由板件围成的封闭空腔，从模态的角度来看，该系统和任何的结构系统一样，具有自身的模态频率和模态形状。与结构系统的模态不同的是声学系统的模态以具体的声压分布为特征。如果站房结构内部空腔受到与其共鸣频率相同的激励时，站房结构内部将发生"空腔共鸣"的现象，产生低频"轰鸣"噪声。

可采用式（8-2-1）所示的解析公式近似求解站房结构内部空腔的声学共振模态

$$f_n = \frac{c}{2}\sqrt{\left(\frac{n_x}{l_x}\right)^2 + \left(\frac{n_y}{l_y}\right)^2 + \left(\frac{n_z}{l_z}\right)^2} \qquad (8\text{-}2\text{-}1)$$

式中　c——声音在空气中的传播速度；

　　　n_x，n_y，n_z——x、y 和 z 方向的声学共振模态阶数；

　　　l_x，l_y，l_z——空腔在 x、y 和 z 方向上的尺寸（m）。

站房结构主要受到以竖向激励为主的列车荷载，因而重点关注站房空腔竖向声学共鸣频率。将站房结构的参数代入公式（8-2-1）可得，站台、一楼候车大厅、二楼休息区的第一阶竖向空腔共鸣频率分别是 12.4 Hz、32.5 Hz 和 28.2 Hz。根据高铁作用下站房结构振动的预测结果，在各工况下，站台 1、站台 2、站台 3 的振动优势频率范围为 20~63 Hz，各站台的振动峰值均集中在 40 Hz 左右；一楼候车大厅和二楼休息区的振动优势频域范围为 10~63 Hz，各观测点的振动峰值均集中在 40 Hz 左右。因此，一楼候车大厅和二楼休息区的第一阶空腔共鸣频率均出现在振动优势频域范围内，特别是一楼候车大厅的第一阶空腔共鸣频率为 32.5 Hz，与振动峰值频率 40 Hz 非常接近，在列车经过时，很有可能发生"空腔共鸣"的现象。

为了降低"空腔共鸣"现象的影响，一方面可通过优化钢轨扣件刚度、道床板下铺设减振垫等措施来减小站房振动响应；另一方面也可以通过在墙壁上布置吸声材料或阻尼材料等来降低空腔共鸣噪声的峰值。

8.3　本章小结

本章基于板结构振动声辐射模型和空腔声学共振模态解析式

对站房结构在列车作用下的振动声辐射特性进行了分析和研究。得到的主要结论如下：

（1）站房结构的辐射声功率大小与站房结构表面的法向振动速度幅值有关，速度幅值越大，则辐射声功率越大。因此，降低站房结构声辐射的本质是减小站房结构的振动响应。

（2）一楼候车大厅和二楼休息区的第一阶空腔共鸣频率均出现在振动优势频域范围内，特别是一楼候车大厅的第一阶空腔共鸣频率为 32.5 Hz，与振动峰值频率 40 Hz 非常接近，在列车经过时，很有可能发生"空腔共鸣"的现象。

（3）为了减小站房结构的噪声辐射及降低站房内"空腔共鸣"现象的影响，一方面可通过优化钢轨扣件刚度、道床板下铺设减振垫等措施来减小站房振动响应；另一方面也可以通过在墙壁上布置吸声材料或阻尼材料来降低噪声的峰值。通过以上措施，可达到站房结构综合降噪 10 dB 以上的效果。

参考文献

[1] 夏禾，张楠. 车辆与结构动力相互作用[M]. 北京：科学出版社，2010.

[2] 日本噪声控制学会. 地域的环境振动[M]. 东京：计报堂出版株式会社，2001.

[3] 夏禾，吴萱. 城市轨道交通系统引起的环境振动问题[J]. 北方交通大学学报. 1999，4（23）：1-7.

[4] 李春峰，白冰，贺美德，等. 轨道交通引起的环境振动及其影响规律[J]. 市政技术，2006，24（04）：220-223.

[5] 夏禾，曹艳梅. 轨道交通引起的环境振动问题[J]. 铁道科学与工程学报. 2004，1（1）：44-51.

[6] M C, M D. Measurement and prediction of traffic-induced vibrations in a heritage building[J]. Journal of sound and Vibration. 2001, 246(2): 319-335.

[7] 陈实. 高速铁路列车对周围环境的振动影响研究[D]. 北京:北方交通大学，1997.

[8] Japanese Insitute of Noise Control. Regional vibrations of environments[M]. Tokyo: Jibaotang Press, 2001: 8-9.

[9] 吕全军，张志友. 预防医学[M]. 3版. 郑州：郑州大学出版社，2008.

[10] 石壁清，赵育，间振华. 环境污染与人体健康[M]. 北京：中

国环境科学出版社，2006.

[11] 马筠. 我国铁路环境振动现状及传播规律[J]. 中国环境科学. 1987，7（5）：70-74.

[12] 雷晓燕，圣小珍. 铁路交通噪声与振动[M]. 北京：科学出版社，2004.

[13] 夏禾. 交通环境振动工程[M]. 北京：科学出版社，2010.

[14] 潘昌实，谢正光. 地铁区间隧道列车振动测试与分析[J]. 土木工程学报. 1990，23（2）：21-28.

[15] 王福天. 车辆系统动力学[M]. 北京：中国铁道出版社，1994.

[16] 张立军，何辉. 车辆随机振动[M]. 沈阳：东北大学出版社，2007.

[17] 张立军，何辉. 车辆行驶动力学理论及应用[M]. 北京：国防工业出版社，2011.

[18] 夏禾，张宏杰，曹艳梅. 车桥耦合系统在随机激励下的动力分析及其应用[J]. 工程力学. 2003，20（3）：142-149.

[19] 张湘伟. 二维泊松过程的数值模拟及其在道路模型中的应用[J]. 重庆大学学报（自然科学版）. 1994，17（4）：12-15.

[20] 张湘伟. 一维Filtered Poission Process路面模型及其数值模拟方法[J]. 重庆大学学报(自然科学版).1998,11(1):106-112.

[21] 陈果，翟婉明. 铁路轨道不平顺随机过程的数值模拟[J]. 西南交通大学学报. 1999，34（2）：138-142.

[22] FUJIKAKE T. A predietion Method for the propagation of Ground Vibration from Railway Trains[J].Journal of Sound and Vibration. 1986, 111(2): 357-360.

[23] KURZWEIL L G. Ground-borne noise and vibration from underground rail systems[J]. Journal of sound and vibration. 1979, 66(3): 363-370.

[24] KRYLOV V V. Vibrational impact of high - rapid trains. I. Effect

of track dynamics[J]. The Journal of the Acoustical Society of America. 1996, 100(5): 3121-3134.

[25] VOLBERG G. Propagation of ground vibrations near railway tracks [J]. Journal of Sound and Vibration. 1983, 87(2): 371-376.

[26] SHENG X, JONE C J, PETYT M. Ground vibration generated by a load moving along a railway track[J]. Journal of sound and vibration. 1999, 228(1): 129-156.

[27] SHENG X, JONES C J, THOMPSON D J. A theoretical model for ground vibration from trains generated by vertical track irregularities[J]. Journal of Sound and Vibration. 2004, 272(3): 937-965.

[28] YANG Y B, HUNG H H, CHANG D W. Train-induced wave propagation in layered soils using finiteinfinite element simulation[J]. Soil Dynamics and Earthquake Engineering. 2003, 23(4): 263-278.

[29] GALVIN P, DOMINGUEZ J. High-rapid train-induced ground motion and interaction with structures [J]. Journal of Sound and Vibration. 2007, 307(3): 755-777.

[30] LOMBAERT G, DEGRANDE G. Ground-borne vibration due to static and dynamic axle loads of InterCity and high-rapid trains [J]. Journal of Sound and Vibration. 2009, 319(3): 1036-1066.

[31] 韦红亮，练松良，周宇. 高架钢弹簧浮置板轨道减振特性分析[J]. 同济大学学报（自然科学版）. 2012，9：1342-1348.

[32] 陈建国，夏禾，曹艳梅，等. 运行列车对周围建筑物振动影响的试验研究[J]. 振动工程学报. 2008（05）：476-481.

[33] 曹艳梅，夏禾，陈建国. 运行列车引起地面振动的理论模型及振动特性分析[J]. 振动工程学报. 2009（06）：589-596.

[34] 何卫，谢伟平. 地铁车辆段列车动荷载特性实测研究[J]. 振动

与冲击. 2016，8（35）：132-137.

[35] 李小珍，张志俊，冉汶民，等. 桥上列车高速运行引起的地面振动试验研究[J]. 西南交通大学学报. 2016（05）：815-823.

[36] 李小珍，刘全民，张迅，等. 高架轨道交通附近自由地表振动试验研究[J]. 振动与冲击. 2014（16）：56-61.

[37] 李小珍，刘全民，张迅，等. 铁路高架车站车致振动实测与理论分析[J]. 西南交通大学学报. 2014（04）：612-618.

[38] 李增光，吴天行. 铁道车辆-轨道-高架桥耦合系统振动功率流分析[J]. 振动与冲击. 2010，29（11）：78-82，93.

[39] 吴宗臻. 地铁列车振动环境影响的传递函数预测方法研究[D]. 北京：北京交通大学，2016.

[40] U.S. Department of Transportation Federal Transit Administration (FTA). Manual for transit noise and vibration impact assessment[S]. 1995.

[41] U.S. Department of Transportation Federal Railroad Administration (FRA). Manual for high-speed ground transportation noise and vibration impact assessment[S]. 2005.

[42] 杨光辉. 列车引起地面振动的传播和衰减研究[D]. 北京:北方交通大学，1999.

[43] 周云. 交通荷载对周边建筑的振动影响分析[D]. 杭州:浙江大学，2005.

[44] LAMB H. On the Propagation of tremors over the surface of an elastic solid[J]. Philosophical Transactions of the Royal society. 1904, A203: 1-42.

[45] GUTOWSKI T G, DYM C L. Propagation of ground vibration:a review[J]. Sound and Vibration. 1976, 49(2): 179-193.

[46] DAWN T M, STANWORTH C G. Ground vibration from Passing trains[J]. Sound and Vibration. 1979, 66(2): 355-362.

[47] KRYLOV V V. Noise and Vibration from High-Speed Trains[M]. London: Thomas Telford Publishing, 2001.

[48] DEGRANDE G. A Special and finite element method for wave propagation in dry and saturated poroelastic media[D]. Belgium: K.U.Leuven, 1992.

[49] SHENG X, JONES C J C. Ground vibration generated by a harmonic load acting on a railway track[J]. Sound and Vibration. 1999, 225(1): 3-28.

[50] LYSMER J, KUHLEMEYER L. Finite dynamic model for infinite media[J]. J.of ASCE. 1969, 95(4): 859-877.

[51] BALENDRA T, CHUA K H. Steady-state vibration of subway-soil-building system[J]. ASCE Engineering Mechanics. 1989, 115(1): 145-162.

[52] KLEIN R, ANTES H. Effieient 3D modelling of vibration isolation by open trenches[J]. Computers and Structures. 1997, 64: 809-817.

[53] KATTIS S E, POLYZOS D. Vibration isolation by a row of piles using a 3-D Frequency domain BEM[J]. Numerical Methods in Engineering. 1999, 46: 713-728.

[54] BANERJ EE P K, AHMAD T M. Advanced application of BEM to wave barriers in muliti-layered three-dimensional soil media[J]. Earthquake Engineering and Structural Dynamics. 1988, 16: 1041-1060.

[55] LOMBAERT G, DEGRANDE G. Numerical modelling of free field traffic-induced vibrations[J]. Soil Dynamics and Earthquake Engineering. 2000, 19: 473-488.

[56] 国家市场监督管理总局,中国国家标准化学化管理委员会. GB 10070—1988 城市区域环境振动标准[S]. 北京：中国标准出

版社，2011.

[57] 中华人民共和国住房和城乡建设部，中华人民共和国国家质量监督检验检疫总局. GB/T 50355—2018 住宅建筑室内振动限值及其测量方法标准[S]. 北京：中国建筑工业出版社，2018.

[58] 中华人民共和国住房和城乡建设部. JGJ/T 170—2009 城市轨道交通引起建筑物振动与二次辐射噪声限值及其测量方法标准[S]. 北京：中国建筑工业出版社，2009.

[59] ISO2631/2, Evaluation of human exposure to whole-body vibration. Part 2:Continuous and shock-induced vibration in buildings (1 to 80 Hz)[S]. 1989.

[60] 日本产业环境管理学会. 公害防止の技术と法规[M]. 东京：丸善出版株式会社，1996.

[61] 晏锋萍. 高速铁路环境振动建议限值的探讨[D]. 成都：西南交通大学，2010.

[62] 刘建锋，徐进，李青松，等. 循环荷载下岩石阻尼参数测试的试验研究[J]. 岩石力学与工程学报. 2010（05）：1036-1041.